水利工程建设与防汛抢险技术研究

刘树军　孙晓明　赵伟佳　著

哈尔滨出版社
HARBIN PUBLISHING HOUSE

图书在版编目（CIP）数据

水利工程建设与防汛抢险技术研究 ／ 刘树军，孙晓明，赵伟佳著．-- 哈尔滨：哈尔滨出版社，2023.3
ISBN 978-7-5484-7126-4

Ⅰ．①水… Ⅱ．①刘… ②孙… ③赵… Ⅲ．①水利建设－研究②防洪－研究 Ⅳ．① TV6 ② TV87

中国国家版本馆 CIP 数据核字（2023）第 051083 号

书　名：**水利工程建设与防汛抢险技术研究**
SHUILI GONGCHENG JIANSHE YU FANGXUN QIANGXIAN JISHU YANJIU

作　者：刘树军　孙晓明　赵伟佳　著
责任编辑：张艳鑫
封面设计：张　华
出版发行：哈尔滨出版社（Harbin Publishing House）
社　址：哈尔滨市香坊区泰山路 82-9 号　邮编：150090
经　销：全国新华书店
印　刷：廊坊市广阳区九洲印刷厂
网　址：www.hrbcbs.com
E - mail：hrbcbs@yeah.net
编辑版权热线：（0451）87900271　87900272
开　本：787mm×1092mm　1/16　印张：10　字数：220 千字
版　次：2023 年 3 月第 1 版
印　次：2023 年 3 月第 1 次印刷
书　号：ISBN 978-7-5484-7126-4
定　价：76.00 元

凡购本社图书发现印装错误，请与本社印制部联系调换。
服务热线：（0451）87900279

前　言

水资源对人类的生存和发展是至关重要的，在城市发展建设过程中不可忽视。随着我国城市经济建设的快速发展，人们对于水资源的需求也越来越大，进而引发了许多问题。特别是经济发展的地方，水资源灾害一旦发生其所造成的损失是巨大的。因此要使水利工程建设中的抢险以及防汛工作的流程作业合理化，才可以提升水利工程建设发挥的成效。在我国社会发展中，水利工程建设发挥着关键性作用，研究水利工程、提高水利工程防洪防汛能力，与人们生产与生活的各方面都存在着紧密的关系，借助大坝、水库等水利设施，最大限度降低洪涝灾害发生率，减少险情影响，能够有效确保人们的生命与财产安全。

在水利工程中，防汛尤为重要。水利工程一般具有兴民除害的功能，防汛对水利工程，尤其对水库、拦河坝堤等工程具有重要功能。防汛的目的是防止水害，减少对人类生产生活造成的损失。经过人类长期抵御洪水的实践，目前已有相对完善的应对措施，随着科技的发展，人类应对防汛的措施更加完善，智能化操作及预警系统逐步推行，防汛工作对人们生产生活的保障作用更加显著。尽管现代防汛方法和技术手段日趋先进，防洪成绩也有目共睹，但在实际防洪过程中，存在着不同程度的隐患，给防洪工作带来了安全影响，也给人民群众的生命和财产安全带来了不可避免的安全隐患。因此，完善水利防汛依然是当前非常重要的工作。本书是一本关于水利工程建设与防汛抢险技术研究的专著，首先，对水利工程建设的相关内容进行介绍；其次，对防汛抢险工作进行分析，为相关工作人员提供参考。

目　录

第一章　水利工程施工导流

在河流上修建水工建筑物，施工期往往与通航、渔业、灌溉或水电站运行等水资源综合利用的要求发生矛盾。本章主要对施工导流进行详细的讲解。

第一节　施工导流

一、施工导流

（一）施工导流的任务

水利水电工程整个施工过程中的施工导流，广义上说可以概括为采取"导、截、拦、蓄、泄"等工程措施，来解决施工和水流蓄泄之间的矛盾，避免水流对水工建筑物施工的不利影响，把水流全部或部分地导向下游或拦蓄起来，以保证水工建筑物的干地施工和在施工期不受影响和尽可能提高施工期水资源的综合利用。

施工导流设计的任务就是：

1. 根据水文、地形、地质、水文地质、枢纽布置及施工条件等基本资料，选择导流标准、划分导流时段、确定导流设计流量；

2. 选择导流方案及导流建筑物的形式；

3. 确定导流建筑物的布置、构造及尺寸；

4. 拟定导流建筑物的修建、拆除、堵塞的施工方法以及截流、拦洪度汛和基坑排水等措施。

（二）施工导流的概念

施工导流就是在河流上修建水工建筑物时，为了使水工建筑物在干地上进行施工，需要用围堰围护基坑，并将水流引向预定的泄水通道往下游倾泻。

（三）施工导流的基本方法

施工导流的基本方法大体上可分为两类：一类是分段围堰法导流，水流通过被束窄的河床、坝体底孔、缺口或明槽等向下游宣泄；另一类是全段围堰法，水流通过河床以外的临时或永久隧洞、明渠或涵管等向下游宣泄。

除了以上两种基本导流形式以外，在实际工程中还有许多其他导流方式。如当泄水建筑物不能全部宣泄施工过程中的洪水时，可采用允许基坑被淹的导流方法，在山区性河流上，水位暴涨暴落，采用此种方法可能比较经济；有的工程利用发电厂房导流；在有船闸的枢纽中，利用船闸闸室进行导流；在小型工程中，如果导流设计流量较小，可以穿过基坑架设渡槽来宣泄导流流量等。

（四）分段围堰法导流

1.基本概念

分段围堰法（也称分期围堰法），就是用围堰将水工建筑物分段分期围护起来进行施工的方法。首先在右岸进行第一期工程的施工，河水由左岸束窄的河床向下游宣泄。在修建一期工程时，为使水电站、船闸等早日投入运行产生效益，满足初期发电和施工的要求。应优先安排水电站、船闸的施工，并在建筑物内预留导流底孔或缺口，以满足后期导流。到第二期工程施工时，河水经过底孔或缺口等向下游宣泄。对于临时底孔，在工程接近完工或需要时要加以封堵。

2.分段与分期的概念

所谓分段就是在空间上用围堰将建筑物分成若干施工段进行施工。所谓分期就是在时间上将导流分为若干时期。段数分得越多、围堰工程量越大、施工也越复杂；同样，施工期数分得越多，工期可能拖得越长。因此，在工程实践中应合理地选择施工分段和分期，二段二期导流方案采用的最多。

3.导流程序

施工前期水流通过被束窄的河床向下游宣泄，施工后期水流通过预留的泄水通道或永久建筑物向下游宣泄。

后期泄水方式包括坝体底孔、缺口、明渠排除等。

采用底孔导流时，应事先在混凝土坝体内修好临时底孔或永久底孔，导流时让全部或部分导流流量通过底孔宣泄到下游，保证工程安全施工。如是临时底孔，则在工程接近完工或需要蓄水时加以封堵。这种方法在分段分期修建混凝土坝时用得较为普遍。临时底孔的断面多采用矩形，为了改善底孔周围的应力状况，也可采用有圆角的矩形。按水工结构要求，孔口尺寸应尽量小。底孔导流的优点是挡水建筑物上部的施工不受水流干扰，有利于均衡连续施工，这对修建高坝特别有利。

坝体缺口导流，在混凝土坝施工过程中，汛期河水暴涨暴落，其他导流建筑物不足以宣泄全部导流流量时，为了不影响施工进度，使大坝在涨水时仍能继续施工，可以在未建成的坝体上预留缺口，以便配合其他导流建筑物宣泄洪峰流量，待洪峰过后，上游水位回落，再继续修建缺口部分。

4. 纵向围堰位置的选择和河床束窄度的确定

在分段围堰法导流中，纵向围堰位置的确定是河床束窄度选择的关键问题之一。纵向围堰位置的确定应考虑如下因素：

（1）束窄河床流速满足施工期通航、围堰和河床防冲等的要求，不能超过允许流速。

（2）各段主体工程的工程量、施工强度比较均衡。

（3）便于布置后期导流的泄水建筑物，不致使后期围堰过高或截流落差过大，造成截流困难。

（4）结合永久建筑物布置，尽量利用永久建筑物的导墙、隔离体等。

（5）地形条件。

束窄河床的允许流速，一般取决于围堰及河床的抗冲最大流速，但在某些情况下，也可以允许河床被适当刷深，或预先将河床挖深、扩宽，采取防冲措施。在通航的河道上，束窄河段的流速、水面比降、水深及河宽等还应与当地通航部门协商研究来确定。

二、导流设计流量与导流方案的选择

导流设计流量是选择导流方案、设计导流建筑物的主要依据。导流设计流量一般需结合导流标准和导流时段的分析来决定。

（一）导流标准

导流标准是选择导流设计流量进行施工导流设计的标准，包括初期导流标准、坝体拦洪时的导流标准等。

施工初期导流标准，按《水利水电工程施工组织设计规范》的规定，首先需根据永久建筑的级别确定临时建筑物的级别，然后根据保护对象、失事后的后果、使用年限及工程规模等将导流建筑物分为Ⅲ-Ⅴ级。再根据导流建筑物的级别和类型，在规范规定的幅度内选定相应的洪水重现期作为初期导流标准。

（二）导流时段

在工程施工过程中，不同阶段可以采用不同的施工导流方法和挡水、泄水建筑物。不同导流方法组合的顺序，通常称为导流程序。导流时段就是按导流程序所划分的各施工阶段的延续时间，具有实际意义的导流时段，主要是围堰挡水来保证基坑干地施工的时间，所以也称挡水时段。

导流时段的划分与河流的水文特征、水工建筑物的布置和形式、导流方案、施工进度等因素有关。按河流的水文特征可分为枯水期、中水期和洪水期。在不影响主体工程施工的条件下，若导流建筑物只负担枯水期的挡水、泄水任务，可大大减少导流建筑物的工程量，改善导流建筑物的工作环境，具有明显的技术经济效果。因此，合理划分导流时段，明确不同时段导流建筑物的工作条件，是既安全又经济的完成导流任务的基本要求。

（三）导流设计流量

1. 不过水围堰应根据导流时段来确定。如果围堰挡全年洪水，其导流设计流量就是选定导流标准的年最大流量，导流挡水与泄水建筑物的设计流量相同；如果围堰只挡某一枯水时段，则按该挡水时段内同频率洪水作为围堰和该时段泄水建筑物的设计流量，但确定泄水建筑物总规模的设计流量，应按坝体施工期临时度汛洪水标准决定。

2. 过水围堰允许基坑淹没的导流方案，从围堰工作情况看，有过水期和挡水期之分，显然它们的导流标准应有所不同。

过水期的导流标准应与不过水围堰挡全年洪水时的标准相同。其相应的导流设计流量主要用于围堰过水情况下，加固保护措施的结构设计和稳定分析，也用于校对核导流泄水道的过水能力。

挡水期的导流标准应结合水文特点、施工工期及挡水时段、经技术经济比较后选定。当水文系列较长，大于或等于 30 年时，也可根据实测流量资料分析选用。其相应的导流设计流量主要用于确定堰顶高程、导流泄水建筑物的规模及堰体的稳定分析等。

（四）导流方案选择

水利水电枢纽工程施工，从开工到完建往往不是采用单一的导流方法，而是几种导流方式组合起来配合运用，以取得最佳的技术经济效果。这种不同导流时段、不同导流方式的组合，通常称为导流方案。

导流方案的选择受多种因素的影响。一个合理的导流方案，必须在周密研究各种影响因素的基础上，拟订几个可能的方案，进行技术经济比较，从中选择技术经济指标最佳的方案。

1. 选择导流方案时应考虑的主要因素

影响导流方案的因素较多，主要有以下几方面：

（1）地形、地质条件。坝址河谷地形、地质，往往是决定导流方案的主要因素。各种导流方式都必须充分利用有利地形，但还必须结合地质条件，有时河谷地形虽然适合分期导流，但由于河床覆盖层较深、纵向围堰基础防渗、防冲难以处理，不得不采用明渠导流。

（2）水文特性。河流的流量大小、水位变化的幅度、全年流量的变化情况、枯水期的长短、汛期洪水的延续时间、冬季的流冰及冰冻情况等，均直接影响导流方案的选择。一般来说，对于河床宽、流量大的河流，宜采用分段围堰法导流。对于水位变化幅度大的山区河流，可采用允许基坑淹没的导流方法，在一定时期内通过水围堰和基坑来宣泄洪峰流量。对于枯水期不长的河流，如果不利用枯水期进行施工，就会拖延工期。对于有流冰的河流，应充分注意流冰的宣泄问题，以免流冰壅塞、影响泄流，造成导流建筑物失事。

（3）主体工程的形式与布置。水工建筑物的结构形式、总体布置、主体工程量等，是导流方案选择的主要依据之一。导流需要尽量利用永久建筑物，坝址、坝型选择及枢纽布置也必须考虑施工导流，两者是互为影响的。对于高土石坝，一般不采用分期导流，常用隧洞、涵洞、明渠等方式导流，不宜采用过水围堰，有时也允许坝面过水，但必须有可靠的保护措施。对于混凝土坝，允许坝面过水，常用过水围堰。但对主体工程规模较大、基坑施工时间较长的工程，宜采用不过水围堰，以保证基坑全年施工。对于低水头电站，有时还可利用围堰挡水发电，提前受益，如葛洲坝工程、三峡工程等。

（4）施工因素。导流方案与施工总进度的关系十分密切，不同的导流方案有不同的施工程序，不同的施工程序影响导流的分期和导流建筑物的布置，而施工程序的合理与否将影响工程受益时间和总工期。因此，在选择导流方案时，必须考虑施工方法和程序，施工强度和进度、土石方的平衡和利用、场内外交通和施工布置。随着大型土石方施工机械的出现和机械化施工的不断完善，土石围堰用得更多更高了，明渠的规模也越来越大。例如伊泰普电站，虽河床宽阔，具有分期导流条件，为了加快施工进度和就近解决两岸土石坝的填料，采用了大明渠结合底孔的导流方案，明渠开挖量达 2 200 万立方米。

（5）综合利用因素。施工期间的综合利用主要有通航、筏运及上、下游有梯级电站时的发电、灌溉、供水、生态保护等。在拟订和选择导流方案时，应综合考虑，使各期导流泄水建筑物尽量满足上述要求。

在选择导流方案时，除了综合考虑以上各方面的因素外，还应使主体工程尽可能及早发挥效益、简化导流程序、降低导流费用，使导流建筑物既简单易行，又安全可靠。

2. 导流方案的选择

导流方案的选择，必须根据工程的具体条件，拟订几个可行的方案，进行全面的分析比较。不仅分析前期导流，对中、后期导流也要做全面分析。由于施工导流在整个工程施工过程中属于全局性和战略性的决策，分析导流方案时，不能仅仅从导流工程造价来衡量，还必须从施工总进度、施工交通与布置，主体工程量与造价及其他国民经济的要求等进行全面的技术经济比较。在一定条件下，还需论证坝址、坝型及枢纽总体布置的合理性。最优的导流方案，一般体现在以下几方面：

（1）整个枢纽工程施工进度快、工期短、造价低。尽可能压缩前期投资，尽快发挥投资效益。

（2）主体工程施工安全，施工强度均衡，干扰小，保证施工的主动性。

（3）导流建筑物简单易行，工程量少，造价低，施工方便，速度快。

（4）满足国民经济各部门的要求（如通航、筏运及蓄水阶段的供水、移民等）。导流方案选择时，一般需提出以下成果：导流标准，施工时段及导流流量的选择；各方案的导流工程量与造价，主要技术经济指标，水力学指标；导流方案的布置，挡水与泄水建筑物的形式与尺寸，施工程序与进度分析；截流、基坑排水的主要指标和措施；坝体施工期度汛及封堵蓄水的主要指标和措施；施工总进度的主要指标，包括总工期、第一台机组发电日期、河道截流、断航、施工强度、劳动力等；通航等综合利用方案；主要方案的水工模型试验成果。

三、围堰工程

围堰是导流工程中的临时挡水建筑物，用来围护施工基坑，保证水工建筑物能在干地施工。在导流任务完成以后，如果围堰对永久建筑物的运行有妨碍或没有考虑作为永久建筑物的一部分，应予拆除。

（一）围堰工程的分类

按使用材料分：土石围堰、混凝土围堰、钢板桩围堰、木笼围堰及草土围堰等；按与水流的相对位置分：横向围堰（与河流水流方向大致垂直）和纵向围堰（与河流水流方向大致平行）；

按与坝轴线的相对位置分：上游围堰和下游围堰；

按导流期间是否允许过水分：过水围堰和不过水围堰；

按施工期分：一期围堰、二期围堰等；

按受力条件分：重力式、拱式等；

按防渗结构分：心墙、斜墙、斜心墙等。

（二）围堰的基本特点及基本要求

1. 围堰的基本特点

围堰作为临时性建筑物，除满足一般挡水建筑物的基本要求外，还应具有自身的特点：

（1）施工期短，一般要求在一个枯水期内完成，并在当年汛期挡水。

（2）一般需进行水下施工，而水下作业质量往往不容易保证。

（3）完成挡水任务后，围堰常常需要拆除，尤其是下游围堰。

2. 围堰的基本要求

（1）具有足够的稳定性、防渗性、抗冲性和强度。

（2）造价便宜、构造简单、修建、维护和拆除方便。

（3）围堰的布置应力求使水流平顺，不发生严重的局部冲刷。

（4）围堰的接头和岸边连接要安全可靠。

（5）必要时应设置抵抗冰凌、航筏冲击和破坏的设施。

（三）常用的围堰形式及适用条件

1. 土石围堰

结构简单，可就地取材，充分利用开挖弃料，既可机械化施工，又可人工填筑，既便于快速施工，又易于拆除，并可在任何地基上修建。所以，土石围堰是用得最广泛的一种围堰形式。但其断面尺寸较大，抗冲能力差，一般用于横向围堰。在宽阔河床中，如果有可靠的防冲措施，也可做纵向围堰。

土石围堰根据防渗体不同又有多种形式，如心墙式、斜墙式、心墙加上游铺盖、防渗墙式等。

2. 混凝土围堰

具有抗冲能力大，防渗性能好，断面尺寸小，易于同永久性建筑物结合，并允许过水等优点，因此虽然造价较高，国内外仍广泛使用。混凝土围堰一般要求修建在岩基上，并同基岩良好连接。在枯水期基岩露出的河滩上修建纵向围堰，较易满足上述要求，中国纵向围堰多采用混凝土，并常与永久导墙相结合，如三门峡、丹江口、潘家口等工程。

3. 钢板桩格型围堰

断面尺寸小、抗冲能力强，可以修建在岩基上或非岩基上，堰顶浇筑混凝土盖板后也可以用做过水围堰。修建时可进行干地施工或水下施工，钢板桩的回收率可达 70% 以上，故在国外得到广泛使用。中国葛洲坝工程采用了圆筒形钢板桩格型围堰作为纵向围堰的部分。

4. 竹笼围堰

在中国南方盛产南竹地区，竹笼围堰是充分利用当地材料的形式之一。采用铅丝笼填石代替竹笼也是同一种类型。竹笼的使用年限，一般为 1~2 年，竹材经防腐处理后可达 2~4 年。竹笼围堰允许过水，对岩基或软弱地基均能适用。它的断面尺寸较小，具有一定的抗冲能力，可用于纵向围堰，也可用于横向围堰。但竹笼填石施工不易机械化，一般需人工施工。采用竹笼围堰的工程有富春江等。

5. 木笼围堰

木笼围堰具有断面尺寸小、抗冲能力强、施工速度快等优点。因此，用做纵向围堰具有明显的优越性。但它的木材耗量大，木材较难回收和重复使用。在当前木材短缺的情况下，使用范围受到限制。如果用预制钢筋混凝土构件代替木笼，也是同一类型。

6. 草土围堰

草土围堰是中国劳动人民长期同洪水斗争的智慧结晶之一。在西北地区的水利水电工程中广为应用，例如，青铜峡、盐锅峡、石泉、安康等工程。草土围堰施工简单、速度快、造价低、便于修建和拆除，并具有一定的抗冲防渗能力，对基础沉陷变形适应性好，可用于软基或岩基。可做纵向围堰或横向围堰，但堰顶不能过水。一般使用年限为 1~2 年。

（四）围堰的基本形式和构造

水利水电工程中经常采用的围堰，按其所使用的材料，可以分为土石围堰、混凝土围堰、钢板桩格形围堰和草土围堰等；按围堰与水流方向的相对位置，可以分为横向围堰和纵向围堰。按导流期间基坑淹没条件，可以分为过水围堰和不过水围堰。过水围堰除需要满足一般围堰的基本要求外，还要满足围堰顶过水的专门要求。

选择围堰型式时，必须根据当时当地的具体条件，在满足下述基本要求的原则下，通过技术经济比较加以选定：

具有足够的稳定性、防渗性、抗冲性和一定的强度；造价低、构造简单、修建、维护和拆除方便；围堰的布置应力求使水流平顺，不发生严重的水流冲刷；围堰接头和岸边连接都要安全可靠，不至于因集中渗漏等破坏作用而引起围堰失事；有必要时应设置抵抗冰凌、船舰的冲击和破坏的设施。

1. 土石围堰

土石围堰是水利水电工程中采用最为广泛的一种围堰形式。它是用当地材料填筑而成的围堰，不仅可以就地取材和充分利用开挖弃料做围堰填料，而且构造简单、施工方便、易于拆除、工程造价低，可以在流水中、深水中、岩基或有覆盖层的河床上修建。

因土石围堰断面较大，一般用横向围堰，但在宽阔河床的分期导流中，由于围堰束窄河床增加的流速不大，也可作为纵向围堰，但需注意防冲设计，以保证围堰安全。土石围堰的设计与土石坝基本相同，但其结构在满足导流期正常运行的情况下应力求简单，便于施工。

2. 混凝土围堰

混凝土围堰的抗冲与防渗能力强、挡水水头高、底宽小，易于与永久混凝土建筑物相连接，必要时还可以过水，因此应用比较广泛。在国外，采用拱形混凝土围堰的工程较多。国内贵州省的乌江渡、湖南省凤滩等水利水电工程也采用过以拱形混凝土围堰做横向围堰，但多数还是以重力式围堰做纵向围堰，如我国的三门峡、丹江口、三峡工程的混凝土纵向围堰均为重力式混凝土围堰。

（1）拱形混凝土围堰

拱形混凝土围堰，一般适用于两岸陡峻、岩石坚实的山区河流，常采用隧洞及允许基坑淹没的导流方案。通常围堰的拱座是在枯水期的水面以上施工的。在围堰的基础处理方面，当河床的覆盖层较薄时需进行水下清基，若覆盖层较厚，则可灌注水泥浆防渗加固。

拱形混凝土围堰由于利用了混凝土抗压强度高的特点，与重力式围堰相比，断面较小，可节省混凝土使用量。

（2）重力式混凝土围堰

采用分段围堰法导流时，重力式混凝土围堰往往可兼做第一期和第二期纵向围堰，两侧均能挡水，还能作为永久建筑物的一部分，如隔墙、导墙等。

重力式围堰可做成普通的实心式，与非溢流重力坝类似；也可做成空心式。纵向围堰需抵抗高速水流的冲刷，所以一般均修建在岩基上。为保证混凝土的施工质量，一般可将围堰布置在枯水期出露的岩滩上。如果这样还不能保证干地施工，则通常需另修土石低水围堰加以围护。重力式混凝土围堰现在有普遍采用碾压混凝土浇筑的趋势，如三峡工程三期导流横向围堰及纵向围堰均采用碾压混凝土。

3. 钢板桩格形围堰

钢板桩格形围堰是重力式挡水建筑物，由一系列彼此相接的格体构成。按照格体的平面形状，可分为圆筒形格体、扇形格体和花瓣形格体。这些格体适用于不同的挡水高度，应用较多的是圆筒形格体。钢板桩格形围堰是由许多钢板桩通过锁口互相连接而成为格形整体。钢板桩的锁口有握裹式、互握式和倒钩式三种。格体内填充透水性强的填料，如砂、砂卵石或石渣等。在向格体内进行填料时，必须保持各格体内的填料表面大致均衡上升，高差太大会使格体变形。

钢板桩格形围堰具有坚固、抗冲、防渗、围堰断面小、便于机械化施工等优点，尤其适用于束窄度大的河床段作为纵向围堰使用，但由于需要大量的钢材，且施工技术要求高，我国目前仅应用于大型工程中。

圆筒形格体钢板桩格形围堰，一般适用的挡水高度15~18m，可以建在岩基上或非岩基上，也可作为过水围堰用。圆筒形格体钢板桩格形围堰的修建由定位、打设模架支柱、模架就位、安插钢板桩、打设钢板桩、填充料渣、取出模架及其支柱和填充料渣到设计高程等工序组成。圆筒形格体钢板桩围堰一般需在流水中修筑，受水位变化和水面波动的影响较大，施工难度较大。

4. 草土围堰

草土围堰是一种以麦草、稻草、芦柴、柳枝和土为主要原料的草土混合结构，我国运用它已经有两千多年的历史。这种围堰主要用于黄河流域的渠道修堵口工程中，新中国成立后，在青铜峡、盐锅峡、八盘峡等工程中，以及南方的黄坛口工程中均得到应用。

草土围堰施工简单、速度快、取材容易、造价低、拆除也方便，具有一定的抗冲、抗渗能力，堰体的容重较小，特别适用于软土地基。但这种围堰不能承受较大的冲击，所以仅限水深不超过6m、流速不超过3.5m/s、使用期2年以内的工程。草土围堰的施工方法比较特殊，就其实质来说也是一种进占法。由于草土围堰本身的特点，水中填筑质量比干填法容易保证，这是与其他围堰所不同的，实践中的草土围堰，普遍采用捆草法施工。

围堰的平面布置主要包括围堰内基坑范围确定和围堰轮廓布置两个问题。

（1）围堰内基坑范围确定

围堰内基坑范围大小主要取决于主体工程的轮廓和相应的施工方法。当采用一次拦断法导流时，围堰基坑是由上下游围堰和河床两岸围成的；当采用分期导流时，围堰基坑是由纵向围堰与上下游横向围堰围成的。在上述两种情况下，上下游横向围堰的布置，都取决于主体工程的轮廓。

实际工程的基坑形状和大小往往是不相同的。有时可以利用地形以减少围堰的高度和长度；有时为了照顾个别建筑物施工的需要，将围堰轴线布置成折线形；有时为了避开岸边较大的溪沟，也采用折线布置。为了保证基坑开挖和主体建筑物的正常施工，基坑范围应当留有一定富余。

（2）分期导流纵向围堰布置

在分期导流方式中，纵向围堰布置是施工中的关键问题，选择纵向围堰位置，实际上就是要确定合适的河床束窄度。束窄度就是天然河流过水面积被围堰束窄的程度。

（五）围堰的平面布置

围堰的平面布置是一个很重要的问题，如果平面布置不当，维护基坑的面积过大，会增加排水设备容量，过小则会妨碍主体工程施工、影响工期，更严重的情况，会造成水流宣泄不畅，冲刷围堰及其基础，影响主体工程安全施工。围堰的平面布置一般应按导流方案、主体工程轮廓和具体工程要求而定。

围堰的平面布置主要包括围堰外形轮廓布置和确定堰内基坑范围两个问题。外形轮廓不仅与导流泄水建筑物的布置有关，而且取决于围堰种类、地质条件以及对防洪措施的考虑。堰内基坑范围大小主要取决于主体工程的轮廓和相应的施工方法。当采用全段围堰法导流时，围堰基坑是由上、下游围堰和河床两岸围成的；当采用分期导流时，围堰基坑是由纵向围堰与上下游横向围堰围成的。在上述两种情况下，上下游横向围堰的布置，都取决于主体工程的轮廓。通常基坑坡趾与主体工程轮廓的距离，不应小于 20~30m，以便布置排水设施、交通运输道路、堆放材料和模板等。至于基坑开挖边坡的大小，则与地质条件有关。

采用分段围堰法导流时，上、下游横向围堰一般不与河床中心线垂直，而多布置成梯形，以保证水流顺畅，同时也便于运输道路的布置和衔接。采用全段围堰法导流时，为了减少工程量，其横向围堰多与主河道垂直。

（六）围堰的拆除

围堰是临时建筑物，导流任务完成以后，应按设计要求进行拆除，以免影响永久建筑物的施工及运行。采用分段围堰法导流时，如果某期上下游横向围堰拆除不符合要求，势必增加上、下游水位差，增加截流材料的重量及数量，从而增加截流的难度和费用。如果下游围堰拆除不到位，会抬高尾水位、影响水轮机的利用水头、降低水轮机的出力，造成损失。围堰的拆除工作量较大，因此尽可能在施工期最后一次汛期过后，在上下游水位下降时，就从围堰的背水坡开始分层拆除。但必须保证依次拆除后所残留围堰断面能满足继续挡水和稳定要求，以免发生安全事故，使基坑过早淹没，影响施工。

土石围堰一般可用挖土机械或爆破法拆除。草土围堰水上部分可人工分层拆除，水下部分可在堰体开挖缺口，使其过水冲毁或用爆破法拆除。钢板桩围堰的拆除，首先要用抓斗或吸石器将填料清除，然后用拔桩机拔出钢板。混凝土围堰的拆除，一般只能用爆破法拆除，但必须做好爆破设计，使主体建筑物或其他设施不受爆破危害。

第二节 施工截流

施工导流过程中，当导流泄水建筑物建成后，应抓住有利时机，迅速截断原河床水流，迫使河水经完建的导流泄水建筑物下泄，然后在河床中全面展开主体建筑物的施工，这就是截流工程。

截流过程一般为：先在河床的一侧或两侧向河床中填筑截流戗堤，逐步缩窄河床，称为进占。戗堤进占到一定程度，河床束窄，形成流速较大的泄水缺口叫龙口。封堵龙口的工作叫合龙。截流后，对戗堤进一步加高加厚，修筑成设计围堰。由此可见，截流在施工中占有重要地位，如不能按时完成，就会延误整个建筑物施工进度，河槽内的主体建筑物就无法施工，甚至可能拖延工期一年，所以在施工中常将截流作为关键性工程。为了截流成功，必须充分掌握河流的水文、地形、地质等条件，掌握截流过程中水流的变化规律及其影响，做好周密的施工组织，在狭小的工作面上用较大的施工强度在较短的时间内完成截流。

一、截流的方式

截流的基本方式有立堵法与平堵法两种。

（一）立堵法

立堵法截流是将截流材料从龙口一端向另一端或从两端向中间抛投进占，逐渐束窄龙口，直至全部拦断。

立堵法截流不需架设浮桥，准备工作比较简单、造价较低。但截流时水力条件较为不利，龙口单宽流量较大，出现的流速也较大，同时水流绕截流戗堤端部使水流产生强烈的立轴旋涡，在水流分离线附近造成紊流，易造成河床冲刷，且流速分布很不均匀，需抛投单个重量较大的截流材料。截流时由于工作前线狭窄，抛投强度受到限制。立堵法截流适用于大流量岩基或覆盖层较薄的岩基河床，对于软基河床应采取护底措施后才能使用。立堵法截流又分为单戗、双戗和多戗立堵截流，单戗适用于截流落差不超过 3m 的情况。

（二）平堵法

平堵法截流是沿整个龙口宽度全线抛投，抛投料堆筑体全面上升，直至露出水面。这种龙口一般是部分河宽，也可以是全河宽。因此，合龙前必须在龙口架设浮桥。由于它是沿龙口全宽均匀地抛投，所以其单宽流量小，流速也较小，需要的单个材料的重量也较轻，抛投强度较大，施工速度快但有碍于通航，适用于软基河床、架桥方便且对通航影响不大的河流。

二、截流材料种类、尺寸和数量的确定

（一）材料种类选择

截流时采用的当地材料在我国已有悠久的历史，主要有块石、石串、装石竹笼等。此外，当截流水力条件较差时，还须采用混凝土块体。

石料容重较大、抗冲能力强，一般工程较易获得，而且通常也比较经济。因此，凡有条件者，均应优先选用石块截流。

在大中型工程截流中，混凝土块体的运用较普遍。这种人工块体制作使用方便、抗冲能力强，故为许多工程采用（如三峡工程、葛洲坝工程等）。

在中小型工程截流中，因受起重运输设备能力限制，所采用的单个石块或混凝土块体的重量不能太大。石笼（如竹笼、铅丝笼、钢筋笼）或石串，一般使用在龙口水力条件不利的条件下。大型工程中除石笼、石串外，也采用混凝土块体串。某些工程，因缺乏石料，或河床易被冲刷，也可根据当地条件采用梢捆、草土等材料截流。

（二）材料尺寸的确定

采用块石和混凝土块体截流时，所需材料尺寸可通过水力计算初步确定，然后考虑该工程可能拥有的起重运输设备能力，做出最后抉择。

（三）材料数量的确定

1. 不同粒径材料数量的确定

无论是平堵截流还是立堵截流，原则上可以按合龙过程中水力参数的变化来计算相应的材料粒径和数量。常用的方法是将合龙过程按高程（平堵）或宽度（立堵）划分成若干区段，然后按分区最大流速计算出所需材料的粒径和数量。实际上，每个区段也不是只用一种粒径材料，所以设计中均参照国内外工程经验来决定不同粒径材料的比例。例如，平堵截流时，最大粒径材料数量可按实际使用区段考虑，也可按最大流速出现时起，直到戗堤出水时所用材料总量的70%~80%考虑。立堵截流时，最大粒径材料数量，常按困难区段抛投总量的1/3考虑。根据国内外十几个工程的截流资料统计，特殊材料数量占合龙段总工程量的10%~30%，一般为15%~20%。如仅按最终合龙段统计，特殊材料所占比例约为60%。

2. 备料量

备料量的计算以设计戗堤体积为准，另外还得考虑各项损失。平堵截流的设计戗堤体积计算比较复杂，需按戗堤不同阶段的轮廓计算。立堵截流戗堤断面为梯形，设计戗堤体积计算比较简单。戗堤顶宽视截流施工需要而定，通常取10~18m者较多，可保证2~3辆汽车同时卸料。

备料量的多少取决于对流失量的估计。实际工程备料量与设计用量的比值多在1.3至

1.5 之间，个别工程达到 2.0。例如，铁门工程达到 1.35；青铜峡采用 1.5，实际合龙后还剩下很多材料。因此，初步设计时备料系数不必取的过大，实际截流前夕，可根据水情变化适当调整。

（四）分区用料规划

在合龙过程中，必须根据龙口的流速流态变化采用相应的抛投技术和材料。这一点在截流规划时就应予以考虑。在截流中，合理地选择截流材料的尺寸和质量，对于截流的成败和截流费用的节省具有重大意义。截流材料的尺寸或质量取决于龙口的流速。

第三节　基坑排水

修建水利水电工程时，在围堰合龙闭气以后，就要排除基坑内的积水和渗水，以确保基坑处于基本干燥状态，以利于基坑开挖、地基处理及建筑物的正常施工。

基坑排水工作按排水时间及性质，一般可分为：基坑开挖前的初期排水，包括基坑积水、基坑积水排除过程中的围堰堰体与基础渗水、堰体及基坑覆盖层中的含水量以及可能出现的降水的排除；基坑开挖及建筑物施工过程中的经常性排水，包括围堰和基坑渗水、降水以及施工弃水量的排除。如按排水方法分，有明式排水和人工降低地下水位两种。

一、施工排水

在截流戗堤合龙闭气以后，就要排除基坑中的积水和渗水，在开挖基坑和进行基坑内建筑物的施工中，还要经常不断地排除渗入基坑内的渗水和可能遇到的降水，以保证干地施工。在河岸上修建水工建筑物时，如基坑低于地下水位，也要进行基坑排水。

（一）基坑排水的分类

基坑排水工作按排水时间及性质，一般可分为：基坑开挖前的初期排水，包括基坑积水、基坑积水排除过程中围堰及基坑的渗水和降水的排除；基坑开挖及建筑物施工过程中的经常性排水，包括围堰和基坑的渗水、降水、地基岩石冲洗及混凝土养护用废水的排除等。

（二）初期排水

1. 排水流量的确定

排水流量包括基坑积水、围堰堰身和地基及岸坡渗水、围堰接头漏水、降雨汇水等。对于混凝土围堰，堰身可视为不透水，除基坑积水外，只计算基础渗水量；对于木笼、竹笼等围堰，如施工质量较好、渗水量也很小；但如施工质量较差时，则漏水较大，需区别对待。围堰接头漏水的情况也是如此。降雨汇水计算标准可对比经常性排水。初期排水总抽水量为上述诸项之和，其中应包括围堰堰体水下部分及覆盖层地基的含水。积水的计算水位，根据截流程序不同而异。当先截上游围堰时，基坑水位可近似地用截流时的下游水位；当先截下游围堰时，基坑水位可近似采用截流时的上游水位。过水围堰基坑水位应根据退水闸的泄水条件确定。当无退水闸时，抽水的起始水位可近似地按下游堰顶高度计算。排水时间主要受基坑水位下降速度的限制。基坑水位允许下降速度视围堰形式、地基特性及基坑内水深而定。水位下降太快，则围堰或基坑边坡中动水压力变化过大，容易引起塌坡；下降太慢，则影响基坑开挖时间。一般下降速度控制在 0.5~1.5m/d 以内，对土石围堰取下限，混凝土围堰取上限。

排水时间的确定，应考虑基坑工期的紧迫程度、基坑水位允许下降速度、各期抽水设备及相应用电负荷的均匀性等因素，进行比较后选定。

排水量的计算：根据围堰形式计算堰身及地基渗流量，得出基坑内外水位差与渗流量的关系曲线；然后根据基坑允许下降速度，考虑不同高程的基坑面积后计算出基坑排水强度曲线。将上述两条曲线叠加后，便可求得初期排水的强度曲线，其中最大值为初期排水的计算强度。根据基坑允许下降速度，确定初期排水时间。以不同基坑水位的抽水强度乘上相应的区间排水时间之总和，便得初期排水总量。

试抽法。在实际施工中，制订措施计划时，还常用试抽法来确定设备容量。试抽时有以下三种情况：

（1）水位下降很快，表明原选用设备容量过大，应关闭部分设备，使水位下降速度符合设计规定。

（2）水位不下降，此时有两种可能性，基坑有较大漏水通道或抽水容量过小。应查明漏水部位并及时堵漏，或加大抽水容量再行试抽。

（3）水位下降至某一深度后不再下降。此时表明排水量与渗水量相等，需增大抽水速度并检查渗漏情况，进行堵漏。

2. 排水泵站的布置

泵站的设置应尽量做到扬程低、管路短、少迁移、基础牢、便于管理、施工干扰少，并尽可能使排水和施工用水相结合。

初期排水布置视基坑积水深度不同，有固定式抽水站和移（浮）动式抽水站两种。由于水泵的允许吸出高度在 5m 左右，因此当基坑水深在 5m 以内时，可采用固定式抽水站，此时常设在下游围堰的内坡附近。当抽水强度很大时，可在上、下游围堰附近分设两个以上抽水站。当基坑水深大于 5m 时，则以采用移（浮）动式抽水站为准。此时水泵可布置在沿斜坡的滑道上，利用绞车操纵其上、下移动；或布置在浮动船筏上，随基坑水位上升和下降，避免水泵在抽水中多次移动，影响抽水效率和增加不必要的抽水设备。

（三）经常性排水

1.排水系统的布置

（1）基坑开挖过程中的排水系统

应以不妨碍开挖和运输工作为原则。根据土方分层开挖的要求，分次降低地下水位，通过不断降低排水沟高程，使每一开挖土层呈干燥状态。一般常将排水干沟布置在基坑中部，以便两侧出土。随着基坑开挖工作的进展，逐渐加深排水干沟和支沟，通常保持干沟深度为 1.0~1.5m，支沟深度为 0.3~0.5m。集水井布置在建筑物轮廓线的外侧，集水井应低于干沟的沟底。

有时基坑的开挖深度不一，即基坑底部不在同一高程，这时应根据基坑开挖的具体情况布置排水系统。有的工程采用层层截流、分级抽水的方式，即在不同高程上布置截水沟、集水井和水泵，进行分级排水。

（2）修建建筑物时的排水系统

该阶段排水的目的是控制水位低于基坑底部高程，保证施工在干地条件下进行。修建建筑物时的排水系统通常都布置在基坑的四周，排水沟应布置在建筑物轮廓线的外侧，距基坑边坡坡脚不小于 0.3~0.5m，排水沟的断面和底坡的大小，取决于排水量的大小。一般排水沟底宽不小于 0.3m，沟深不大于 1.0m，底坡不小于 2%。在密实土层中，排水沟可以不用木板支撑，但在松土层中，则需木板支撑。

水经排水沟流入集水井，在井边设置水泵站，将水从集水井中抽出。集水井布置在建筑物轮廓线以外较低的地方，它与建筑物外缘的距离必须大于井的深度。井的容积至少要保证水泵停工 10~15min，由排水沟流入集水井中的水量不能致使集水井漫溢。

为防止降雨时因地面径流进入基坑而增排水量甚至淹没基坑影响正常施工，往往在基坑外缘挖设排水沟或截水沟，以拦截地表水。排水沟或截水沟的断面尺寸及底坡应根据流量和土质确定，一般沟宽和沟深不小于 0.5m，底坡不小于 2%，基坑外地面排水最好与道路排水系统结合，便于采用自流排水。

2.排水量的估算

经常性排水包括围堰和基坑的渗水、排水过程中的降水、施工弃水等。

渗水。主要计算围堰堰身和基坑地基渗水两部分，应按围堰工作过程中可能出现的最大渗透水头来计算，最大渗水量还应考虑围堰接头漏水及岸坡渗流水量等因素。

降水汇水。取最大渗透水头出现时段中日最大降雨强度进行计算，要求在当日排干。当基坑有一定的集水面积时，需修建排水沟或截水墙，将附近山坡形成的地表径流引向基坑以外。当基坑范围内有较大集雨面积的溪沟时还需有相应的导流措施，以防暴雨径流淹没基坑。

施工用水包括混凝土养护用水、冲洗用水（凿毛冲洗、模板冲洗和地基冲洗等）、冷却用水、土石坝的碾压和冲洗用水及施工机械用水等。用水量应根据气温条件、施工强度、混凝土浇筑层厚度、结构形式等确定。混凝土养护用弃水，可近似地以每方混凝土每次用水 5L，每天养护 8 次计算，但降水和施工弃水不得叠加。

二、明式排水

（一）排水量的确定

1.初期排水量估算

初期排水主要包括基坑积水、围堰与基坑渗水两大部分。对于降雨，因为初期排水是在围堰或截流戗堤合龙闭气后立即进行的，通常是在枯水期内，而枯水期降雨很少，所以一般不予考虑。除积水和渗水外，有时还需考虑填方和基础中的饱和水。

基坑积水体积可按基坑积水面积和积水水深计算，这是比较容易的。但是初期排水时间的确定就比较复杂，初期排水时间主要受基坑水位下降速度的限制，由基坑水位的允许下降速度视围堰种类、地基特性和基坑内水深而定。水位下降太快，则围堰或基坑边坡中动水压力变化过大，容易引起塌坡；下降太慢，则影响基坑开挖时间。一般认为，土围堰的基坑水位下降速度应限制在 0.5~0.7m/d，木笼及板桩围堰等应小于 1.0~1.5m/d。初期排水时间，大型基坑一般限制在 5~7d，中型基坑一般限制在 3~5d。

通常，当填方和覆盖层体积不太大，在初期排水且基础覆盖层尚未开挖时，不必计算饱和水的排除。在初期排水过程中，可以通过试抽法进行校核和调整，并为经常性排水计算积累一些必要资料。试抽时如果水位下降很快，则显然是所选择的排水设备容量过大，此时应关闭一部分排水设备，使水位下降速度符合设计规定。试抽时若水位不变，则显然是设备容量过小或有较大渗漏通道存在。此时，应增加排水设备容量或找出渗漏通道予以堵塞，然后再抽水。还有一种情况是水位降至一定深度后就不再下降，这说明此时排水流量与渗流量相等，据此可估算出需增加的设备容量。

2.经常性排水的排水量确定

经常性排水的排水量，主要包括围堰和基坑的渗水、降雨、地基岩石冲洗及混凝土养护废水等。设计中一般考虑两种不同的组合，从中选其量大者，以选择排水设备。一种组合是渗水加降雨，另一种组合是渗水加施工废水。降雨和施工废水不必组合在一起，这是因为二者不会同时出现。

3.降雨量的确定

在基坑排水设计中，对降雨量的确定尚无统一的标准。大型工程可采用 20 年一遇 3 日降雨中最大的连续 6h 雨量，再减去估计的径流损失值（每小时 1mm），其值作为降雨强度。有的工程也采用日最大降雨强度，基坑内的降雨量可根据上述计算的降雨强度和基坑集雨面积求得。

4. 施工废水

施工废水主要考虑混凝土养护用水，其用水量估算，应根据气温条件和混凝土养护的要求而定。一般初估时可按每立方米混凝土每次用水 5L，每天养护 8 次计算。

5. 渗透流量计算

通常，基坑渗透总量包括围堰渗透量和基础渗透量两大部分。关于渗透量的详细计算方法，在水力学、水文地质和水工结构等书中均有介绍，详细计算时参考以上相关著作，这里就不再讲解。

（二）基坑排水布置

排水系统的布置通常应考虑两种不同情况。一种是基坑开挖过程中的排水系统布置，另一种是基坑开挖完成后修建建筑物时的排水系统布置。布置时，应尽量兼顾这两种情况，并且使排水系统尽可能不影响施工。

基坑开挖过程中的排水系统布置，应以不妨碍开挖和运输工作为原则。一般常将排水干沟布置在基坑中部，以便两侧出土。随基坑开挖工作的进展，逐渐加深排水干沟和支沟。通常保持干沟深度为 1.0~1.5m，支沟深度为 0.3~0.5m。集水井多布置在建筑物轮廓线外侧，井底应低于干沟沟底。但是，由于基坑坑底高程不一，有的工程就采用层层设截流沟、分级抽水的办法，即在不同高程上分别布置截水沟、集水井和水泵站，进行分级抽水。建筑物施工时的排水系统，通常都布置在基坑四周。排水沟应布置在建筑物轮廓线外侧，且距离基坑边坡坡脚不少于 0.3m。排水沟的断面尺寸和底坡大小，取决于排水量的大小。一般排水沟底宽不小于 0.3m、沟深不大于 1.0m、底坡坡度不小于 0.002。在密实土层中，排水沟可以不用支撑，但在松土层中，则需用木板或麻袋装石来加固。

水经排水沟流入集水井后，利用在井边设置的水泵站，将水从集水井中抽出。集水井布置在建筑物轮廓线以外较低的地方，它与建筑物外缘的距离必须大于井的深度。井的容积至少要能保证水泵停止抽水 10~15min，井水不致漫溢。集水井可为长方形，边长为 1.5~2.0m，井底高程应低于排水沟底 1.0~2.0m。如板桩接缝漏水，尚需在井壁外设置反滤层。集水井不仅可用来集聚排水沟的水量，而且还应有澄清水的作用，因为水泵的使用年限与水中含沙量的多少有关。为了保护水泵，集水井宜偏大、偏深一些。为防止降雨时地面径流进入基坑而增加抽水量，通常在基坑外缘边坡上挖截水沟，以拦截地面水。截水沟的断面及底坡应根据流量和土质而定，一般沟宽和沟深不小于 5m，底坡坡度不小于 0.002，基坑外地面排水系统最好与道路排水系统相结合，以便自流排水。为了降低排水费用，当基坑渗水水质符合饮用水或其他施工用水要求时，可将基坑排水与生活、施工供水相结合。丹江口工程的基坑排水就直接引入供水池，供水池上设有溢流闸门，多余的水则溢入江中。

三、人工降低地下水位

在经常性排水过程中，为了保持基坑开挖工作始终在干地进行，常常要多次降低排水沟和集水井的高程，变换水泵站的位置，这样影响开挖工作的正常进行。此外，在开挖细砂土、沙壤土一类地基时，随着基坑底面的下降，坑底与地下水位的高差越来越大，在地下水渗透压力作用下，容易产生边坡脱滑、坑底隆起等事故，甚至危及邻近建筑物的安全，给开挖工作带来不良影响。

采用人工降低地下水位，可以改变基坑内的施工条件，防止流沙现象的发生，基坑边坡可以陡些，从而可以大大减少挖方量。人工降低地下水位的基本做法是：在基坑周围钻设一些井，地下水渗入井中后，随即被抽走，使地下水位线降到开挖的基坑底面以下，一般应使地下水位降到基坑底部 0.5~1.0m。

人工降低地下水位的方法，按排水工作原理可分为管井法和井点法两种。管井法是单纯重力作用排水，适用于渗透系数为 10~250m/d 的土层；井点法还附有真空或电渗排水的作用，适用于渗透系数为 0.1~50.0m/d 的土层。

（一）管井法降低地下水位

管井法降低地下水位时，在基坑周围布置一系列管井，管井中放入水泵的吸水管，地下水在重力作用下流入井中，被水泵抽走；采用管井法降低地下水位时，需先设置管井，管井通常由下沉钢井管而成，在缺乏钢管时也可用木管或预制混凝土管代替。

井管的下部安装滤水管节，有时在井管外还需设置反滤层，地下水从滤水管进入井内，水中的泥沙则沉淀在沉淀管中。滤水管是井管的重要组成部分，其构造对井的出水量和可靠性影响很大。要求它过水能力大、进入的泥沙少、有足够的强度和耐久性。井管埋设可采用射水法、振动射水法及钻孔法下沉。

管井中抽水可应用各种抽水设备，但主要的是普通离心式水泵、潜水泵或深井水泵，分别可降低水位 3~6m、6~20m 和 20m 以上，一般采用潜水泵较多。用普通离心式水泵抽水，由于吸水高度的限制，当要求降低到地下水位较深时，要分层设置管井、分层进行排水。

在要求大幅度降低地下水位的深井中抽水时，最好采用专用的离心式深井水泵。每个深井水泵都是独立工作的，井的间距也可以加大，深井水泵一般深度大于 20m，排水效果好，需要井数少。

（二）井点法降低地下水位

井点法和管井法不同，它把井管和水泵的吸水管合二为一，简化了井的构造。

井点法降低地下水位的设备，根据其降深能力分轻型井点（浅井点）和深井点等。其中，最常用的是轻型井点，它是由井管、集水总管、普通离心式水泵、真空泵和集水箱等设备所组成的一个排水系统。

　　轻型井点系统的井点管为直径38~50mm的无缝钢管,间距为0.6~1.8m,最大可到3.0m。地下水从井管下端的滤水管借真空泵和水泵的抽吸作用流入管内,沿井管上升汇入集水总管、流入集水箱,由水泵排出。轻型井点系统开始工作时,先开动真空泵,排除系统内的空气,待集水井内的水面上升到一定高度后,再启动水泵排水。水泵开始抽水后,为了保持系统内的真空度,仍需真空泵配合水泵工作。这种井点系统也叫真空井点。

　　井点系统排水时,地下水位的下降深度,取决于集水箱内的真空度与管路的漏气和水力损失量。一般集水箱内真空度为80kPa(400~600mmHg),相应的吸水高度为5~8m,扣去各种损失后,地下水位的下降深度为4~5m。

　　当要求地下水位降低的深度超过4m时,可以像管井一样分层布置井点,每层控制范围为3~4m,但以不超过3层为宜。分层太多,基坑范围内管路纵横、妨碍交通、影响施工,同时也增加挖方量,而且当上层井点发生故障时,下层水泵能力有限,基坑有被淹没的可能。真空井点抽水时,在滤水管周围形成一定的真空梯度,加快了土的排水速度,因此即使在渗透系数小到0.1m/d的土层中,也能进行工作。

　　布置井点系统时,为了充分发挥设备能力,集水总管、集水管和水泵应尽量接近天然地下水位。当需要几套设备同时工作时,各套总管之间最好接通,并安装开关,以便相互支援。

　　井管的安设,一般用射水法下沉。在距孔口1.0m范围内,应用黏土封口,以防漏气。排水工作完成后,可利用杠杆将井管拔出。

　　深井点与轻型井点不同,它的每一根井管上都装有扬水器(水力扬水器或压气扬水器),因此它不受吸水高度的限制,有较强的降深能力。

　　深井点有喷射井点和压气扬水井点两种,喷射井点由集水池、高压水泵、输水干管利喷射井管等组成。通常一台高压水泵能为30~35个井点服务,其最适宜的降水位范围为5~18m。喷射井点的排水效率不高,一般用于渗透系数为3~50m/d、渗流量不大的场合压气扬水井点是用压气扬水器进行排水。排水时压缩空气由输气管送来,由喷气装置进入扬水管,于是管内容重较轻的水气混合液在管外水压力的作用下,沿扬水管上升到地面排走。为达到一定的扬水高度,就必须将扬水管沉入井中并有足够的潜没深度,使扬水管内外有足够的压力差。压气扬水井点降低地下水位最大可达40m。

第二章 土坝的维护与除险加固

土坝的局部损坏多为裂缝、漏水、塌坑等。土坝的破坏有一定的变化过程，如果及早发现，并采取积极措施进行处理和养护，就可以防止和减少各种不利因素的影响，保证土坝的安全。本章主要对土坝的维护与除险加固进行详细的讲解。

第一节 土坝的检查与养护

土坝的运行状况仅靠专门的仪器进行观测是不够的，因为固定测点的布设仅仅是建筑物上某几个典型断面上的几个点，而建筑物的局部损坏往往不一定正好发生在测点位置上，也不一定正好发生在进行观测的时候。所以，为了及时发现水工建筑物的异常情况，必须对建筑物表面进行经常的巡回检查观察。大量的工程管理经验表明，工程缺陷和破坏主要是由检查、观察来发现的。

土坝的检查观察从广义来说包括经常检查、定期检查和特别检查。

1. 经常检查是用直觉方法或简单的工具，经常对建筑物表面进行检查和观察，了解建筑物是否完整，有无异常现象。

2. 定期检查是每年汛前汛后组织一定的力量，用专门的仪器设备，对水库工程包括固定测点在内的建筑物进行全面的检查，掌握其变化规律等。

3. 特别检查是当工程出现了严重的破坏现象，或者对潜在的危险产生重大怀疑时，组织专门的力量所进行的检查。

要制订切实可行的检查观测工作制度，加强岗位责任，做到"四无"（无缺测、无漏测、无不符合精度要求、无违时）、"四随"（随观测、随记录、随校核、随整理）、"四固定"（固定人员、固定仪器、固定测次、固定时间）。

对观测结果应及时进行分析，研究判断建筑物的工作情况。发现异常现象，应分析原因，报告领导，并提出处理措施。

一、土坝的日常检查、观察

土坝的日常检查、观察主要是发现土坝表面的缺陷和局部工程问题，其主要工作有以下几个方面。

1. 检查、观察土坝表面情况

对土坝应经常注意检查、观察坝顶路面、防浪墙、护坡块石及坝坡等有无开裂、错动等现象，以判断坝体有无裂缝或其他破坏征兆。

2. 检查、观察坝体有无裂缝

对于坝体与岸坡接头部位、河谷形状突变的部位、坝基有压缩性过大的软土部位、填土质量较差的部位、土坝与刚性建筑物接合部位、分段施工接头处或施工导流合龙部位及坝体不同土料分区部位等应特别注意检查、观察，发现坝体产生裂缝后，应对裂缝进行编号，测量裂缝所在的桩号和距坝轴线的距离、长度、宽度、走向等，绘制裂缝平面分布图，并注意其发展变化。对于垂直坝轴线的横向裂缝应检查其是否已贯穿上下游坝面，形成漏水通道。对于平行坝轴线的纵向裂缝，应进一步检查判断其发生滑坡的可能性。

3. 检查、观察坝坡是否滑动

滑坡通常有下述特征：

（1）裂缝两端向坝坡下部弯曲，缝呈弧形。

（2）裂缝两侧产生相对错动。

（3）缝宽与错距的发展逐渐加快，而一般的沉陷裂缝的发展是随着时间的推移逐渐缓慢，两者有明显的不同。

（4）滑坡裂缝的上部往往有塌陷，下部有隆起等现象。

对于异常水位及暴雨应特别注意检查土坝的滑坡现象，例如，在高水位运行期间，下游坡易产生滑动现象；水库水位骤降，可能造成上游坡滑动；暴雨期间，上下游坝面都易产生滑动。

4. 检查下游坝坡和坝脚处有无散浸和异常渗流现象

土坝背水坡渗流逸出点太高，超过排水设备顶部，使坝坡土体出现潮湿现象，这种现象称为散浸。散浸现象的特征是：土湿而软，颜色变深，面积大，冒水泡，阳光照射有反光现象，有些地方青草丛生，或草皮比其他地方长得旺盛。

对坝后渗流的观察，包括坝后渗出水的颜色、部位和表面现象的观察，可以判断是正常渗漏还是异常渗漏。

（1）从原设计的排水设施或坝后地基中渗出的水，如果清澈见底，不含土颗粒，一般属于正常渗漏；若渗水由清变浑，或明显看到水中含有土颗粒，属于异常渗漏。

（2）坝脚出现集中渗漏或坝体与两岸接头部位和刚性建筑物连接部位出现集中渗漏，如渗漏量剧烈增加或渗水突然变浑，是坝体发生渗漏破坏的征兆。在滤水体以上坝坡出现的渗水属异常渗漏。

（3）表层有较薄的弱透水覆盖层时往往发生地基表层被渗流穿洞，涌水翻砂，渗流量随水头升高而不断增大。然而，有的土坝，土料中含有化学物质，渗水易改变坝体填料的物理力学性质，可能造成坝体渗透破坏。

（4）对土坝要注意检查、观察是否塌坑。根据经验，坝体发生塌坑大部分是由渗流破坏引起的，发现坝体塌坑后，应加强渗流观测，并根据塌坑所在部位分析其产生的原因。

（5）对土坝的反滤坝趾、集水沟、减压井等导渗降压设施，要注意检查、观察有无异常或损坏，还应注意观察坝体与岸坡或溢洪道等建筑接合处有无渗漏等。

5. 对土坝坝面要注意观察

（1）沿坝面库水有无漩涡。

（2）浆砌石护坡有无裂缝、下沉、折断及垫层掏空等现象。

（3）干砌石护坡有无松动、翻起、架空、垫层流失等现象。

（4）草皮护坡及土坡有无坍陷、雨淋坑、冲沟、裂缝等现象。

（5）经常检查有无兽洞、蚁穴等隐患。

二、土坝的养护

根据《土石坝养护修理规程》，对土坝坝顶、坝端、坝坡、排水设施、观测设施、坝基和坝区进行养护。

1. 坝顶及坝端的养护

坝顶养护应做到坝顶平整，无积水、无杂草、无弃物，防浪墙、坝肩、踏步完整，轮廓鲜明，坝端无裂缝、无坑凹、无堆积物等。如坝顶出现坑洼和雨淋沟缺，应及时用相同材料填平，并应保持一定的排水坡度。经主管部门批准通行车辆的坝顶，如有损坏，应按原路面要求及时修复，不能及时修复的，应用土或石料临时填平。坝顶的杂草、弃物应及时清除。

防浪墙、坝肩和踏步出现局部破损，应及时修补或更换。

坝端出现局部裂缝坑凹应及时填补，发现堆积物应及时清除。

2. 坝坡的养护

坝坡养护应做到坡面平整，无雨淋沟缺，无荆棘杂草滋生；护坡砌块应完好，砌缝紧密，填粒密实，无松动、塌陷、脱落、风化、冻毁或架空现象。

（1）干砌块石护坡的养护。及时填补个别脱落或松动的护坡石料；及时更换风化或冻毁的块子，并嵌砌紧密；块石塌陷，垫层被淘刷时，应先翻出块石，恢复坝体和垫层后，再将块石嵌砌紧密。

（2）混凝土或浆砌块石护坡的养护。及时填补伸缩缝内流失的填料，填补时应将缝内杂物清除干净。护坡局部发生侵蚀剥落、裂缝或破碎时，应及时采用水泥砂浆表面抹补喷浆或填塞处理，处理时表面应清洗干净；破碎面较大，且垫层被淘刷，砌体有架空现象时，应用石料做临时性填塞，适当进行彻底整修。排水孔如有不畅，应及时进行疏通或补设。

（3）堆石护坡或碎石护坡的养护。对于堆石护坡或碎石护坡，如遇石料有松动，造成厚薄不均时，应及时平整。

（4）草皮护坡的养护。应经常修剪、清除杂草，保持完整美观。草皮干枯时，应及时洒水养护；出现雨淋沟缺时，应及时还原坝坡，补植草皮。

（5）严寒地区护坡的养护。在冰冻期间，应积极防止冰凌对护坡的破坏。可根据具体情况，采用打冰道或在护坡临水处铺设塑料薄膜等办法减少冰压力。有条件的地区，可采用机械破冰法、动水破冰法或水位调节法，破碎坝前冰盖。

3. 排水设施的养护

各种排水、导渗设施应达到无断裂、损坏、阻塞、失效，使排水通畅。必须及时清除排水沟（管）内的淤泥杂物及冰塞，以保持通畅。对排水沟（管）局部的松动、裂缝和损坏，应及时用水泥砂浆进行修补等。

排水沟（管）的基础如被冲刷破坏，应先恢复基础，后修复排水沟（管）。修复时，应使用与基础同样的土料，恢复到原来断面并应严格夯实。排水沟（管）如设有反滤层时，也应按设计标准恢复。

随时检查修补滤水坝趾或导渗设施周边山坡的截水沟，防止山坡浑水淤塞坝趾、导渗排水设施。

减压井应经常进行清理疏通，保持排水通畅，如周围有积水渗入井内，应将积水排干，填平坑洼，保持井周无积水。

4. 观测设施的养护

各种观测设施应保持完整，无变形、损坏堵塞现象。

经常检查各种变形观测设施的保护装置是否完好，标志是否明显，随时清除观测障碍物。观测设施如有损坏，应及时修复，并应重新校正。

测压管口及其他保护装置，应随时加盖上锁，如有损坏，应及时修复或更换。水位观测尺若受到碰撞破坏，应及时修复，并重新校正。量水堰板上的附着物和量水堰上下游的淤泥或堵塞物，应及时清除。

5. 坝基和坝区的养护

对坝基和坝区管理范围内一切违反大坝管理规定的行为和事件，应立即制止并纠正。

设置在坝基和坝区范围内的排水、观测设施和绿化区，应保持完整、美观，无损坏现象。发现坝区范围内有白蚁活动迹象时，应及时进行治理。

发现坝基范围内有新的渗漏逸出点时，不要盲目处理，应设置观测设施进行测量，待弄清原因后再进行处理。

第二节 土坝裂缝及其处理

一、土坝裂缝的类型及成因

土坝裂缝是较为常见的现象，有的裂缝在坝体表面就可以看到，有的隐藏在坝体内部，要开挖检查或借助检测仪器才能发现。裂缝的宽度，窄的不到一毫米，宽的可达几百毫米，甚至更大；裂缝的长度，短的不足一米，长的达数十米，甚至更长；裂缝的深度，有的不到一米，有的深达坝基；裂缝的走向，有平行坝轴线的纵缝，有垂直坝轴线的横缝，有与水平面大致平行的水面缝，还有倾斜的裂缝等。

土坝裂缝主要是由于坝基承载力不均匀，坝体材料不一致，施工质量差，设计不甚合理等所致。

土坝的裂缝，按照裂缝出现在土坝中的部位可分为表面裂缝和内部裂缝；按照裂缝的走向可分为横向裂缝、纵向裂缝、水平裂缝和龟纹裂缝；按照裂缝的成因可分为沉陷裂缝、滑坡裂缝、干缩裂缝、冰冻裂缝和振动裂缝。

二、土坝裂缝的检查

在已建成的土坝中，土坝的安全情况是在不断变化的，往往直接或间接地表现为坝面上的异常现象，例如，细小的横向裂缝可能发展成为坝体的集中渗流通道，而细小的纵向裂缝则可能是坝体滑坡的先兆。

（一）龟纹裂缝

龟纹裂缝的方向没有规律，纵横交错，缝的间距比较均匀。这种裂缝可能出现在没有铺设保护层的坝顶和坝坡，也可能出现在水库泄空而出露的上游防渗黏土铺盖表面上。产生龟纹裂缝的主要原因是土坝填土由湿变干时的体积收缩。筑坝土料黏性越大，含水量越高，出现龟纹裂缝的可能性越大。在土壤中，龟纹裂缝比较少见，而在沙土中就没有这种裂缝。此外，在严寒地区，可以见到由于填土受冰冻所产生的龟纹裂缝。

龟纹裂缝是坝体表面常见的现象，一般不会直接影响坝体安全。但是出现在防渗斜墙或铺盖上的龟纹裂缝，可能会影响坝体安全，所以在进行安全检查时，应给予足够重视。要仔细探明龟纹裂缝的宽度、深度，并及时进行处理。对于较浅的龟纹裂缝，一般可在表面铺一层厚约 20cm 的沙性土保护层，以防止其发展；较深的龟纹裂缝，一般采用开挖回填的方法进行处理，在处理后要随即铺设保护层。发生在其他部位，如坝顶或均质坝面上的龟纹裂缝，可能促使冲沟滑坡等继续发展，因此也应及时进行处理。

（二）横向裂缝

横向裂缝一般接近铅垂或稍有倾斜地伸入坝体内。缝深几米到十几米，上宽下窄。缝口宽几毫米到十几厘米，偶尔也能见到更深、更宽的坝体。裂缝两侧可能错开几厘米甚至几十厘米。当相邻的坝段或坝基产生较大的不均匀沉降时，就会产生横向裂缝。

横向裂缝主要出现在坝顶，但也可能出现在坝坡上。根据对我国各类水库大坝裂缝的调查，横向裂缝虽然形成原因很多，但发生部位还是有一定规律的，常见部位有：土坝与岸坡接头坝段及河床与台地交接处，这些部位填土高度变率大，施工时碾压不密实而出现过大的沉降差；坝基有压缩性过大的软土或黄土，施工时未加处理或清除，泡水湿陷或加荷下沉；土坝与刚性建筑物接合坝段，因两种材料沉降不同所致；分段施工接头处或施工导流合龙段，常因漏压及抢进度而出现碾压质量不符合设计要求成为坝体内的薄弱部位。

土坝的横向裂缝具有极大的危险性，因为一旦水库水位上涨，渗水通过裂缝，很容易将裂缝冲刷扩大而导致险情。因此，在土坝的安全检查中，必须特别重视横向裂缝的检查。除了在坝面普遍进行检查外，还应对较易出现横向裂缝的部位做重点检查。坝顶防浪墙或路缘石的裂缝往往能反映出坝体横向裂缝的存在。例如，浙江省横山水库土坝的横缝，就是根据防浪墙的裂缝迹象而把坝顶保护层挖开后才发现的。

根据坝顶沉陷观测资料检查横向裂缝，也是一个重要的方法。如果相邻测点之间出现较大的不均匀沉陷，则该坝段很可能出现横向裂缝。对于坝面铺有保护层的土坝，必要时应开挖与坝轴线平行的探槽，以揭露其横向裂缝。

在坝面发现横向裂缝后，如果时间允许，最好观测一段时间，待裂缝发展趋向稳定后再进行处理。但在此期间，水库必须控制利用。对于尚未处理或虽已处理但尚未经蓄水考验的土坝，在汛期除了控制运用外，还应该准备必要的防汛抢险器材，以免出现险情时措手不及。由于横向裂缝的危害性很大，所以一般要求进行开挖回填处理。

（三）纵向裂缝

根据土坝纵向裂缝产生的原因，可将土坝纵向裂缝细分为纵向沉降裂缝和纵向滑坡裂缝。

1. 纵向沉降裂缝

在坝面上，由坝体或坝基的不均匀沉降而产生的纵向沉降裂缝一般接近于直线，基本上是铅直地向坝体内部延伸。裂缝两侧填土的错距一般不大于30cm，缝深几米到十几米居多，也有更深的，缝宽几毫米到十几厘米，缝长几米到几百米等。

2. 纵向滑坡裂缝

纵向滑坡裂缝一般呈弧形，裂缝向坝体内部延伸时弯向上游或下游，缝的发展过程是逐渐加快的，直至土体发生滑动以后才逐渐缓慢。纵向滑坡裂缝的宽度可达1m以上，错距可达几米。当裂缝发展到后期，可以发现在相应部位的坡面或坝基上有带状或椭圆状隆起的土体部分。这些都是区别于纵向沉降裂缝的重要标志。

（四）内部裂缝

在土坝坝面上出现的裂缝，都称为表面裂缝。因为，在土坝坝体内部还可能出现内部裂缝，有的内部裂缝是贯通上下游的，很可能变成集中渗漏通道，由于事先不易被人们发现，其危害性很大。

内部裂缝常见的部位有：窄心墙内部的水平裂缝，主要因坝壳顶托作用，使心墙中部高程的垂直压力减小，同一高程处坝壳压力增大，出现"拱效应"的结果；狭窄山谷，河床含有高压缩土，坝基下沉时，坝体上部重量通过拱作用传递到两岸，土拱下部坝体沉降大，可能使坝体受拉形成内部裂缝或空穴；坝体与河床上的混凝土或浆砌石体等压缩性很小的材料相邻处，两者不均匀沉降造成过大拉应变和剪应力开裂等。

（五）土坝裂缝的检查

对裂缝的检查与探测，应借助观测资料的整理分析，根据上面提及的裂缝常见部位，对这些部位的坝体变形（垂直和水平位移）、测压管水位、土体中应力及孔隙水压力变化、水流渗出后的浑浊度等进行鉴别。只有初步确定裂缝出现的位置后，再用探测方法弄清裂缝的确切位置、大小、走向，才能为裂缝处理方案提供依据。

通常在裂缝附近会产生异常情况：沿坝轴线方向同一高程位置的填土高度、土质等基本相同，而其中个别测点的沉降值比其他测点明显减小，则该点可能存在内部裂缝；垂直坝段各排测压管的浸润线高度，在正常情况下，除靠岸坡的两侧略高外，其他大致相同，若其中发现个别坝段浸润线明显抬高，则测点附近可能出现横向裂缝；在通过坝体的渗水有明显清浑交替出现的位置，可能出现贯穿裂缝或管涌通道；坝面有刚性防浪墙拉裂等异常现象的坝段，同时坝身有明显塌坑处，说明该处有横向裂缝；短距离内沉降差较大的坝段；土压力及孔隙水压力不正常的位置。

对于可能存在的裂缝部位可采用土坝隐患探测的方法，即有损探测和无损探测的方法进行检查，但有损探测对坝身有一定的损坏。有损探测又分为人工破损探测和同位素探测；无损探测是指电法探测。

1. 人工破损探测

对表面有明显征兆，沉降差特别大，坝顶防浪墙被拉裂的部位，可采用探坑、探槽和探井等方法探测。探坑、探槽和探井是指人工开挖一定数量的坑槽和井来实际描述坝内隐患情况。该法直观、可靠，易弄清裂缝位置、大小、走向及深度，但受到深度限制，目前国内探坑、探槽的深度不超过 10m，探井深度可达到 40m。

2. 同位素探测

此法是利用土坝已有的测压管，投入放射性示踪剂模拟天然渗透水流运动状态，用核探测技术观测其运动规律和踪迹。通过现场实际观测可以取得渗透水流的流速、流向和途径。在给定水力坡降和有效孔隙率时，可以计算相应的渗透水流速度和渗透系数。在给定的渗透层宽度和厚度的基础上，可以计算渗流量。同位素探测法也称放射性示踪法，包括多孔示踪法、单孔示踪法、单孔稀释法和单孔定向法等。

3. 电法探测

电法探测是一种无损伤探测的方法，在土坝表面布设电极，通过电测仪器观测人工或天然电场的强度，分析这些电场的特点和变化规律，以达到探测工程隐患的目的。

土坝坝体是具有一定几何形状的人工地质体，同一坝段，坝体横断面尺寸沿大坝纵向方向通常是一致的，筑坝材料也相对均匀。所以，坝体几何形状对人工电场影响在各个坝段基本相同，一旦有隐患存在，必然会破坏坝体的整体性和均匀性，引起人工电场的异常变化和隐患测点与其他测点视电阻率的差异，这就是电法探测土坝隐患的原理。

电法探测适用于土坝裂缝、集中渗流、管涌通道、基础漏水、绕坝渗流、接触渗流、软土夹层及白蚁洞穴等隐患探测，它比传统的人工破坏探测速度快、费用低，目前已广泛运用。电法探测的方法较多，有自然电场法、直流电阻率法、直流激发极法和甚低频电磁法等。

以上列举的裂缝探测方法有些较直观、清楚，有些只能大体确定裂缝位置，究竟采用何种方法，应视当地具体条件及设备情况而定。

三、土坝裂缝的预防措施

1. 龟纹裂缝的预防措施

在竣工后的坝面上及时铺设沙性土保护层是预防龟纹裂缝的有效措施。此外，在施工期防止坝体填土龟裂也是很重要的。填筑中断时，应在填土表面铺松土保护层。对于已经出现的龟纹裂缝则应翻松重压，以免在坝体内留下隐患。

2. 沉陷裂缝的预防措施

坝体沉陷裂缝的预防应该同时从两个方面着手：一方面是减少坝体和坝基的沉陷和不均匀沉陷；另一方面是提高坝体填土适应变形的能力，因此，还可以采取必要的安全措施，以防止由于坝体裂缝而导致土坝出险。

（1）减少坝体和坝基的沉陷及不均匀沉陷。造成沉陷裂缝的直接原因是坝体的不均匀沉陷，但是一般来说，沉陷越大，不均匀沉陷也越大，所以减少坝体和坝基的沉陷是预防沉陷裂缝的重要措施。对坝基中的软土层，应该优先考虑挖除。如果开挖困难，则可以考虑采用打砂井（对于软黏土层）或预先浸水（对于湿陷性黄土）等措施，使坝基土层事先沉陷。对于土坝坝体，根据土料特性和碾压条件，选择适宜的填筑标准之后，更重要的是在施工时必须严格控制填土质量。土坝裂缝中的很大一部分是由于填土质量差所引起的。

为了减少坝体的不均匀沉陷，还应该尽可能避免坝体高度的损伤。与土质防渗体连接的岸坡的开挖应符合下列要求：岸坡应大致水平，不应呈台阶状、反坡或突然变坡，岸坡自上而下由缓坡变陡坡时，变换坡度宜小于 20°；岩石岸坡不宜陡于 1.0∶0.5，陡于此坡度时应有专门论证，并应采取相应工程措施；土质岸坡不宜陡于 1.0∶1.5。

埋在土坝下面涵管的外墙壁面和溢洪道边墙（墩）与土坝相接触的壁面，都应该有一定坡度，这样不但可以减少坝体不均匀沉陷，而且有利于增强涵管和边墙（墩）与坝体的接合处理。必须强调，在施工中要保证填土的密实度均匀，防止因漏压、欠压而造成的局部松土层。上述这些措施对于减少坝体不均匀沉陷，防止发生裂缝是十分重要的。

（2）提高坝体填土适应变形的能力。填土适应变形的能力，除了取决于它的矿物成分颗粒组成外，还与填土的含水量和干容重有关。含水量的提升，对提高填土适应变形的能力有较显著的效果。但是，含水量过高就会使填土压实困难，沉陷增加。因此，控制坝体的填筑含水量，使之略高于塑限含水量，对于减少和防止出现裂缝来说是有效的。在可能发生裂缝而又难以检查发现的部位，如混凝土防渗墙或涵管的上部等处，可用塑性较好、适应变形能力较强的土料填筑。

（3）必要的安全措施。土坝裂缝小，危险性最大的是横向裂缝和内部裂缝。为了防止因出现这些裂缝而导致土坝出险，需要采用一些必要的安全措施，如：在土坝与其他建筑物或岸坡接合处，适当增大防渗体的厚度；采用刺墙截水环或结合槽，以延长渗径，都是很有必要的。尤其在可能发生裂缝的部位，应适当增加防渗体下游反滤层的厚度，以防止因反滤层破坏而导致土坝出险。

把土坝做成拱形，不但可以减少土坝的横向裂缝，而且可以保证土坝与岸坡良好的接合。

四、土坝裂缝的处理

处理坝体裂缝首先应根据观测资料判断裂缝类型和部位、裂缝产生的原因，按不同情况进行处理。

非滑坡性裂缝的处理方法主要有开挖回填、灌浆和劈裂灌浆等方法。开挖回填是处理裂缝最彻底的方法，适用于位置不深及防渗体面上的裂缝；灌浆法适用于裂缝较多或坝体内部裂缝的情况；开挖回填与灌浆相结合的方法适用于由表层延伸至坝体一定深度的裂缝。

（一）开挖回填法

对于防渗体心墙顶部或斜墙表面的干缩裂缝在处理时需清除表土层，然后按原设计土料分层夯实，使其干容重达到设计要求；对于均质坝表面干裂且缝深小于 0.5m 的裂缝，只用泥浆封口，然而这类小缝浸水后可以自行闭合。

贯穿性横向裂缝会顺缝漏水，有使坝体穿孔，造成溃坝的危险。从安全出发，应采用开挖回填，进行彻底处理。开挖回填法具体如下。

1. 裂缝的开挖

为探清裂缝的范围和深度，在开挖前可先向缝内灌入少量石灰水，然后沿缝挖槽。缝的开挖长度应超过裂缝两端1m，深度超过裂缝尽头0.5m，开挖的坑槽底部的宽度至0.5m，边坡应满足稳定及新旧回填土接合的要求。坑槽开挖应做好安全防护工作，防止坑槽进水、土壤干裂或冻裂，挖出的土料要远离坑口堆放。

对贯穿坝体的横向裂缝，开挖时顺缝抽槽，先挖成梯形或阶梯形（每阶以1.5m高度为宜，回填时逐级消除阶梯，保持梯形断面），并沿裂缝方向每隔5~6m做一道接合槽，结合槽垂直于裂缝方向，槽宽1.5~2.0m，并注意新老土结合，以免造成集中渗流现象。

2. 土料的回填

回填的土料要符合坝体土料的设计要求。对沉陷裂缝要选择塑性较大的土料，含水量大于最优含水量的1%~2%。回填前，如果坝土料偏干，则应将表面湿润，土体过湿或冰冻，清除后再进行回填，便于新老土的接合。回填时应分层夯实，土层厚度以0.1~0.2m为宜。要特别注意坑槽边角处的夯实质量，要求压实厚度为填土厚度的2/3。回填后，坝顶或坝坡应覆盖30~50cm的沙性土保护层。

对于缝宽大于1cm、缝深超过2m的纵向裂缝亦需开挖回填处理。但应注意，如缝是由于不均匀沉降引起的，当坝体继续产生不均匀沉降时，首先，应把缝的位置记录下来，采用泥浆封口的临时措施，待沉降趋于稳定后，再开挖处理，因为这类缝在开挖回填处理中还会被破坏，故应采取必要的安全措施以防人身安全事故发生。当挖槽工作量大时，可采用打井机具沿缝挖井。小型土坝采用此方法比较切实可行，井的直径一般为120cm，两个井圈搭接30cm，在具体施工中应先打单数井，回填坝体；然后打双数井，分层夯实。浙江省温岭县用冲抓钻打井处理土坝裂缝就取得了成效。

（二）充填灌浆

充填灌浆法就是在裂缝部位用较低压力或浆液自重把浆液灌入坝体内，充填密实裂缝和孔隙，以达到加固坝体的目的。

1. 孔序布置

灌浆前应首先对裂缝的分布、深度及范围进行调查和探测，调查了解坝体施工时坝体填筑质量，以及蓄水后坝体的渗漏及裂缝状况和发展过程。对于表层裂缝，通常在每条主缝上均需布孔，该孔应布置在长裂缝的两端转弯处缝宽突变处裂缝密集处及各缝交汇处。但应注意，灌浆孔不宜靠近防渗斜墙、反滤体和排水设施以及测压管的滤水管段，要保持足够的安全距离（通常不小于3m），以防浆液填塞及串浆发生，导致排、滤水设施不能正常工作。在用灌浆法处理内部裂缝时，要根据裂缝大小、分布范围及灌浆压力大小而定。一般采用灌浆帷幕式布孔，即在坝顶上游布置1~2排，孔距由疏到密，最终孔距以1~3m

为宜，孔深应超过缝深 1~2m。

2. 灌浆压力

灌浆压力是保证灌浆效果的关键。灌浆压力越大，浆液扩散半径也越大，由此可减少灌浆孔数，并能将细小裂缝充填密实，同时浆液易析水，灌浆质量好。但是，如果压力过大，也往往引起冒浆，裂缝扩展产生新的裂缝，造成滑坡或击穿坝壳堵塞反滤层和排水设施，甚至人为地造成贯穿上下游的集中漏水通道，威胁土坝安全。所以，灌浆压力的选择应在保证坝体安全的前提下，通过试验确定，一般灌浆管上端孔口压力采用 0.05~0.30MPa；施灌时灌浆压力必须，逐步增加，不得突然增大，灌浆过程中应维持压力稳定，波动范围不得超过 5%。同时，采用的最大灌浆压力不得超过灌浆孔段的土体重量。

3. 灌浆浆液

灌浆浆液一般采用人工制浆，对于灌浆量大的工程，也可采用机械制浆。对浆液要求流动性好，使其能灌入裂缝；析水性好，使浆液进入裂缝后，能较快地排水固结；收缩性好，使浆液析水后与土坝结合密实。常用的浆液有纯黏土浆和水泥黏土浆两种。

（1）纯黏土浆。多用于浸润线以上坝体裂缝的充填，如用于浸润线以下时，长时间不易凝固，不能发挥灌浆的效果。其用黏性土做材料，一般黏粒含量在 20%~45% 为宜。如黏粒过多，土料黏性过大，浆液析水慢，凝固时间长，影响灌浆效果。浆液的浓度，在保持浆液对裂缝具有足够的充填能力条件下，稠度越大越好，根据试验，一般采用水土重量比为 1：1~1：2.5，泥浆的比重一般控制在 1.45~1.70。

为了改善泥浆的黏度性和增加浆液的流动性，增强灌浆后的初期强度和加快泥浆的初凝时间，驱赶和毒杀危害堤坝安全的小动物（如白蚁、獾等），有时需添加一定量的附加剂。目前，我国普遍采用掺入化学药剂，如水玻璃、杀虫剂，可在浆液中掺入 1%~3% 干料重的硅酸钠（水玻璃）。

（2）水泥黏土浆。其为土料和一定比例的水泥混合搅制而成。在土料中掺入 10%~30% 土料重的水泥后，浆液析水性好，可促使浆液及早凝固发挥效果。注意水泥掺和量不能过大，否则，浆液凝固后不能适应土坝变形而开裂。

水泥黏土浆灌入坝体裂缝后会很快初凝，可用在浸润线以下坝体裂缝的充填。但混合浆会因水体滤失及体积收缩而浆面下沉，并导致固结后浆体中产生细小水平缝。水泥黏土浆固结后，其密度比纯泥浆小，且与坝体结合情况不如纯泥浆好，故灌浆法处理裂缝时较少采用，而主要用于坝身与刚性建筑物接触部位以及堵塞漏洞。

4. 灌浆与封孔

灌浆时应采用"由外向里，分序灌浆"和"由稀到稠，少灌多复"的方式进行。采用少灌多复可以使浆体形成疏密相间和颗粒粗细相间的木纹状构造，提高充填密实及防渗效果。第一次灌入的浆液，泥浆向坝体排水固结时，细粒的流动性大，随水挟带渗入坝体孔隙，其结果在缝内及侧壁形成固结的由胶体黏粒组成的透水性小及微密的薄黏土层。第二次灌浆时，泥浆又从尚未固结的原泥浆浆脉中冲出，形成第二次黏粒向侧壁运动，在缝内细粒向第一次堵缝的粗颗粒渗吸，细粒在析水过程中形成黏性胶状的弱透水带，并进而形成疏密相间的木纹状浆脉，这对防渗极为有利。

在设计压力下，灌浆孔段经连续三次复灌，不再吸浆时，灌浆即可结束。在浆液初凝后（一般为12h）可进行封孔，封孔时，先应扫孔到底，分层填入直径2~3cm的干黏土泥球，每层厚度一般为0.5~1.0m，然后捣实。均质土坝可向孔内灌注浓泥浆或灌注最优含水量的制浆土料捣实。

5. 灌浆时应注意的几个问题

在雨季及库水位较高时，由于泥浆不易固结，一般不宜进行灌浆；灌浆工作必须连续进行，若中途必须停灌，应及时洗清灌孔，并尽可能在12h内恢复灌浆；灌浆时应密切注意坝坡的稳定及其他现象，发现突然变化应立即停止灌浆，分析原因后采取相应处理措施；灌浆结束后10~15d，对吃浆量较大的孔应进行一次复灌，以充填上层浆液在凝固过程中因收缩而脱离坝体所产生的空隙。

第三节　土坝滑坡及其处理

土坝坝坡局部（有时带着部分地基）失去稳定，发生滑动，上部坍塌，下部隆起外移，这种现象称为滑坡。土坝滑坡，有的是突然发生的，有的是先出现裂缝然后产生的，如能及时发现，并积极采取适当的处理措施，其危害性往往可以降低，否则就可能造成重大损失。

一、滑坡的类型

土坝滑坡按其性质可分为剪切性滑坡、溯流性滑坡和液化性滑坡三种。

1. 剪切性滑坡

剪切性滑坡多发生在坝基和坝体除高塑性以外的黏性土中。主要原因是坝坡太陡，填土压密程度较差，渗透水压力较大造成的，当坝受到较大的外荷作用使滑动体上的滑动力矩超过阻滑力矩时，在坝坡或坝顶开始出现一条平行于坝轴线的裂缝，随后裂缝不断延长和加宽，两端逐渐弯曲延伸（在上游坡时曲向上游，在下游坡时曲向下游）。与此同时，滑坡体下部出现带状或椭圆形隆起，末端向坝趾方向滑动，先慢后快，直至滑动力矩与阻滑力矩达到平衡时滑动终止。

2. 溯流性滑坡

溯流性滑坡主要发生在含水量较大的高塑性黏土填筑的坝体。高塑性黏土在一定的荷载作用下会产生蠕动或塑性流动，在土的剪应力低于土的抗剪强度情况下，剪应变仍不断增加，使坝坡出现连续位移和变形，其过程为缓慢的塑性流动，这种现象称为溯流性滑坡。

3. 液化性滑坡

液化性滑坡多发生在坝体或坝基土层为均匀的中细沙或粉沙的情况下。当水库蓄水后坝体在饱和状态下突然受到振动（如地震、爆破及机械振动等）时，沙的体积急剧收缩，坝体水分无法析出，使沙粒处于悬浮状态，从而使坝体向坝趾方向急剧流泻，其过程类似流体向地势低的地方流散，故称为液化性滑坡。这类滑坡时间短促，顷刻之间坝体液化流散，很难观测、预报及救护。

二、滑坡的原因

土坝滑坝的原因是多方面的，主要与下列因素有关。

1. 筑坝的土料组成

不同的土料其力学指标（主要指内摩擦角和黏聚力）不同，其阻止滑动体滑动的抗滑力也就不相同。另外，不同的土料其颗粒组成不同，其碾压密实度也不尽相同，所以土的抗剪强度也不相同，抗剪强度低的上层可能会引起滑坡。

2. 土坝的结构形式

土坝的结构形式是指土坝上下游坝坡、防渗体与排水设施的布置等。如坝坡太陡，势必造成滑动面上的滑动力（矩）大于抗滑力（矩），而防渗体或排水设施布置不当或失效，会引起坝体浸润线过高，下游坝坡大面积渗水，造成渗透压力过大，增大滑动力（矩），导致土坝滑坡。

3. 土坝的施工质量

在土坝施工中，由于铺土太厚，碾压不实或土料含水量不符合要求，使碾压后的坝体干容重达不到设计标准，会使填筑土体的抗剪强度不能满足稳定要求；在冬季施工时，没有采取适当措施，形成冻土层，或者将冻土带进坝体，在解冻后或蓄水后，库水入渗形成软弱夹层；合龙段的边坡及两岸与土坝连接段的岸坡太陡，以及土坝加高培厚的新旧坝体之间接合处理不好等，都可能引起滑坡。

4. 管理因素

在水库运行管理中，水库的库水位降落速度太快，土体孔隙中的水不能及时排出，形成较大的渗透压力。在坝坡稳定分析时，水位以下的上游坝壳土体按浮容重计算滑动力。当水位骤降后，将会使水位降落区的土体由浮容量变为饱和容重，所以，滑动力增大可能使上游坝坡发生滑动。坝后排水设施堵塞或失效，造成坝体浸润线抬高，会引起下游坝坡滑坡。

5. 其他因素

持续的降雨使坝坡土体饱和，风浪淘刷使护坡破坏，地震及人为因素等均会影响土坝稳定。

三、滑坡的预防与处理

1. 滑坡的预防

预防滑坡的主要方法是保证土坝有合理的断面和良好的质量。对于已建成的水库，要认真执行管理运用制度，避免运用不当而造成滑坡。对土坝稳定有质疑时，应进行稳定校核。如发现土坝在高水位或其他不利情况（如地震等）下有可能滑坡时，则应及早采取预防措施。一般可采取在坝脚压重或放缓边坡，或采取防渗、导渗措施以降低浸润线和坝基渗透压力。在特殊情况下，可采取有针对性的措施或将土坝局部翻修改建。

此外，当土坝加高时，一般应在培厚的基础上加高。只有通过稳定分析，认为确无问题时，才能直接加高坝顶。

2. 滑坡的抢护

当发现滑坡征兆后，应根据情况进行判断。滑坡抢护的基本原则是：上部减载，下部压重，即在主裂缝部位进行削坡，而在坝脚部位进行压坡。具体的抢护措施应根据滑动情况、出现的部位、发生的原因等因素而定。

（1）迎水坡由于库水位骤降而引起滑坡。

1）有条件的应立即停止水库泄水。

2）在保证土坝有足够的挡水断面的前提下，将主裂缝部位进行削坡。

3）在滑动体坡脚部分抛沙石料或沙袋等，做临时压重固脚。

（2）背水坡由于渗漏而引起滑坡。

1）尽可能降低库水位，但应控制水位降落速度，以免水位骤降而影响上游坡的安全。

2）沿滑动体和附近的坡面上开沟导渗，使渗透水能够很快排出。

3）若滑动裂缝达到坝脚，首先采取压重固脚的措施。如坡脚有渊潭和水塘，应先抛沙石将其填平，然后在滑动体下半部用沙石料压脚。

4）对迎水坡进行防渗处理。

3. 滑坡的处理

当滑坡稳定后，应根据情况，研究分析，进行彻底的处理，其措施有以下几种。

（1）开挖回填。松动了的土体已形成贯穿裂缝面，如不处理就不可能恢复到未滑动前的紧密接合状，所以应尽可能将滑动体全部开挖，再用原开挖土或与坝体相同的土料分层回填夯实。如滑动体方量很大，全部开挖确有困难，可以将松土部分挖掉，然后回填夯实。对松土开挖，可先将裂缝两侧松土挖掉，开挖至缝底以下 0.5m，其边坡不陡于 1：1，挖坑两端的边坡不陡于 1：3，并做好结合槽，以利于防渗。回填土应分层填土夯实。

（2）放缓坝坡。对设计坝坡陡于土体的稳定边坡所引起的滑坡，在处理时，应考虑放缓坝坡，并将原有排水体接到新坝趾。如滑坡前浸润线逸出坡面，则新旧土体之间应设置反滤排水层。放缓坝坡必须通过稳定计算，在没有达到资料确定计算指标时，也可参照滑坡后的稳定边坡来确定放缓的坝坡。

（3）压重固脚。严重滑坡时，滑坡体底部往往滑出坝趾以外，在这种情况下，就需要在滑坡段下部采取压重固脚的措施，以增加抗滑力。一般采用固压台，如同时起排水作用时，也有称为压浸台的。压重固脚的材料最好用沙石料。在沙石料缺乏的地区，也可用风化土料，但应夯压到设计要求的密实度。有排水要求的，要同时考虑排水体的设施。固压台的尺寸应根据使用材料和压实程度，通过试验和计算确定。对于中小型水库，当坝高小于 30m 时，压坡体高度一般可采用滑坡体高度的 1/2~2/3 固压台的厚度，用石料一般为3~5m（或 1/3 压坡体高度）。如用土料，应比石料大 0.5~1.0 倍。其压坡体的坡度可放缓至 1：4。

（4）加强防渗。在水库蓄水后产生滑坡时，一般都需解决防渗问题。如原来坝体没有防渗斜墙，在高水头作用下，产生渗透破坏，引起背水坡滑坡，或者由于水位骤降引起迎水坡滑坡，使防渗斜墙受到破坏，均应根据具体情况降低库水位或放空水库，彻底修复防渗斜墙。对由于浸润线过高而逸出坡面或者由于大面积散浸引起的滑坡，除结合下游导渗设施外，还应考虑加强防渗，如进行坝身灌浆、加强防渗斜墙等。

（5）排水处理。对于由于渗漏引起的背水坡滑坡，当采用压重固脚时，新旧土体以及新土体与地基之间的接合面应设置反滤排水层，并与原排水体相连接。对由于排水体堵塞而引起的滑坡，在处理时应重新翻修原排水体，使其恢复作用。对因减压井堵塞引起地基渗流破坏而造成的滑坡，应对减压井进行维修，恢复其效能。

（6）综合措施。确定安全合理的剖面结构，选择能适应各种工作条件的稳定坝坡和采取完善可靠的防渗、排水措施，使在不同运用条件下土体内孔隙水压力减小，这是防止和处理滑坡的有效方法。如有些水库会出现水位骤降，则应在上游设置排水，使水位下降时孔隙水压力由平行于坝坡方向变成垂直于坝基方向，以保持上游坡的稳定性。

4. 滑坡处理中应注意的几个问题

（1）造成滑坡的原因不同，采取的处理措施也有所区别；但任何一种滑坡都需要采取综合性的处理措施，如开挖回填放缓坝坡、压重固脚和防渗排水等，而非单一方法所能解决。在处理时，一定要严格掌握施工质量，确保工程安全。

（2）在滑坡处理中，特别是在抢护工程中，一定要在确保人身安全的情况下进行工作。

（3）对滑坡性的裂缝，原则上不应采取灌浆方法处理，因为浆液中的水分，将降低滑坡体与坝体之间的抗剪强度，对滑坡稳定不利，而且灌浆压力也会加速滑坡体下滑。如必须采用时，一定要有充分依据，确保坝体的稳定。

（4）滑坡体上部与下部的开挖与回填，应该符合"上部减载"与"下部压重"的原则。开挖部位的回填，要在做好压重固脚以后进行。其下部开挖，要分段进行，切忌同时开挖，以免引起再次滑坡。

（5）不宜采用打桩固脚的方法处理滑坡，因为桩的阻滑作用很小，不能抵挡滑坡体的推力，而且打桩振动反而会推动滑坡的发展。

第四节　土坝渗漏及其加固处理

土坝的坝体和坝基，一般都具有一定的透水性，所以，水库蓄水后在坝后出现渗漏现象是不可避免的。对于不引起土体渗透破坏的渗漏通常称为正常渗漏；相反，引起土体渗透破坏的渗漏称为异常渗漏。正常渗漏的特征为渗流量较小、水质清澈、不含土颗粒；异常渗漏的特征为渗流量较大、比较集中、水质混浊、透明度低。

一、异常渗漏的类型和成因

按照土坝异常渗漏的部位可分为坝体渗漏、坝基渗漏、接触渗漏和绕坝渗漏。

1. 坝体渗漏

水库蓄水后，水将从土坝上游坡渗入坝体，并流向坝体下游，渗漏的逸出点均在背水坡面，其逸出现象有散浸和集中渗漏两种。

散浸出现在背水坡上，最初渗漏部位的坡面呈现湿润状态，随着土体的饱和软化，在坡面上会出现细小的水滴和水流。散浸现象特征为土湿而软，颜色变深，面积大，冒水泡，阳光照射有反光现象，有些地方青草丛生，或坝坡面的草皮比其他地方旺盛。需进一步鉴别时，可用钢筋轻易插入，拔出钢筋时带有泥浆。散浸处坝坡水温比一般雨水温度低，且散浸处的测压管水位高。

集中渗漏是指渗水沿着渗流通道、薄弱带或贯穿性裂缝呈集中水股形式流出，对坝体的危害较大。集中渗漏既会发生在坝体中，也可能发生在坝基中。

坝体渗漏的主要原因有以下几个方面。

（1）设计考虑不周。坝体过于单薄，边坡太陡，防渗体断面不足，或下游反滤排水体设计不当，致使浸润线逸出点高于下游排水体；复式断面土坝的黏土防渗体与下游坝体之间缺乏良好的过渡层，使防渗体遭到破坏；埋于坝体的涵管，由于本身强度不够，基础地基处理不好，或涵管上部荷载分布不均，涵管分缝止水不当致使涵管断裂漏水，水流通过裂缝沿管壁或坝体薄弱部位流出；对下游可能出现的洪水倒灌没有采取防护措施，致使下游滤水体被淤塞失效。

（2）施工不按规定。土坝在分层、分段和分期填筑时，不按设计要求和施工规范、程序去做，土层铺填太厚，碾压不实；分散填筑时，土层厚薄不一，相邻两段的接合部分出现少压和漏压的松土层；没有根据施工季节采取相应措施，在冬季施工中，对冻土层处理不彻底，把冻土块填在坝内，而雨季及晴天的土体含水量缺乏有效控制；填筑土料及排水体不按设计要求，随意取土，随意填筑，致使层间材料铺设错乱，造成上游防渗不牢，下游止水失效，使浸润线抬高，渗水从排水体上部逸出。

（3）其他方面原因。由于白蚁、獾、蛇、鼠等动物在坝身打洞营巢，会造成坝体集中渗漏；由于地震等引起的坝体或防渗体的贯穿性横向裂缝也会造成坝体渗漏。

2. 坝基渗漏

上游水流通过坝基的透水层，从下游坝脚或坝脚以外覆盖层的薄弱部位逸出，造成坝后管涌、流土和沼泽化。

管涌为在土体渗透水压力的作用下，土体中的细颗粒在粗颗粒孔隙中被渗水推动和带出坝体以外的现象。

流土则为土体表层所有颗粒同时被渗水顶托而移动流失的现象。

流土开始时坝脚下土体隆起，出现泉眼，并进一步隆起，土体隆起松动，最后整块土掀翻被抬起。

管涌和流土都属于土体渗透破坏形式，在水库处于高水位时易发生。

坝基渗漏的主要原因有以下几个方面：

（1）勘测设计问题。坝址的地质勘探工作做得不够到位，地基结构没完全了解，致使设计未采取有效的防渗措施；坝前水平防渗铺盖的长度和厚度不足，垂直防渗深度未达到不透水层或未全部截断坝基渗水；黏土铺盖与强透水地基之间未铺设有效的过滤层，或铺盖以下的土体为湿陷性黄土，不均匀沉陷大，使铺盖破坏而漏水；对天然铺盖了解不够清楚，薄弱部位未做补强处理。

（2）施工管理原因。水平铺盖或垂直防渗设施施工质量差，未达到设计要求；坝基或两岸岩基上部的风化层及破碎带未做处理，或截水槽未按要求做到新鲜基岩上；由于施工管理欠佳，在坝前任意挖坑取土，破坏了天然铺盖。

没有控制水库最低水位，使坝前黏土铺盖裸露暴晒而开裂，或不当的人类活动，破坏了防渗设施；对坝后减压井、排水沟缺乏及时的维修，使其失去了排水减压作用，导致下游出现沼泽化，甚至形成管涌；在坝后任意取土挖坑，缩短了渗径长度，影响地基渗透稳定。

3. 接触渗漏

接触渗漏是指渗水从坝体、坝基、岸坡的接触面或坝体与刚性建筑物的接触面通过，在坝后相应部位逸出的现象。

接触渗漏的主要原因有以下几个方面：

（1）坝基底部基础清理不彻底；坝与地基接触面未做结合槽或结合槽尺寸过小；截水槽下游反滤层未达到要求，施工质量差。

（2）土坝的两岸山坡没有处理清基，与山坡的接合面过陡，坝体与山坡接合处回填土夯压不实；坝体防渗体与山坡接触面没有做防止坝体沉陷和延长渗径处理。

（3）土坝与混凝土建筑物接合处未做截水环、刺墙，防渗长度不够，施工回填夯压不实；坝下涵管分缝、止水不当，一旦出现不均匀沉陷，会造成涵管断裂漏水，产生集中渗流和接触冲刷。

4. 绕坝渗漏

绕坝渗漏是指渗水通过土坝两端山体的岩石裂缝、溶洞和生物洞穴及未挖除的岸坡堆积层等，从山体下游岸坡逸出。

绕坝渗漏的主要原因有：两岸的山体岩石破碎，节理发育，或有断层通过，而又未做处理或处理不彻底；山体较单薄，且有沙砾和卵石透水层；因施工取土或其他原因破坏了岸坡的天然防渗覆盖层；两岸的山体有溶洞以及生物洞穴或植物根系腐烂后形成的孔洞等。

二、土坝渗透变形的简单判别

无黏性土的渗透破坏形式及其发生过程，与地质条件、土粒级配、水力条件、防渗排渗等措施有关，通常可归结为流土、管涌、接触流失和接触冲刷四种类型。

其中，接触流失指在层次分明，渗透系数相差很大的两层土中，渗流垂直于层面运动时，将细粒层中细颗粒带入粗颗粒层中的现象。表现形式可能是单个颗粒进入邻层，也可能是颗粒群进入邻层，所以包含接触流土和接触管涌两种形式。接触冲刷指渗流沿着两种不同介质的接触面流动并带走细颗粒的现象。如建筑物与地基，土坝与涵管等接触面流动而造成的冲刷，都属于此类破坏。

对流土而言，作用力是单位土体的渗透力，如对管涌，则为单个颗粒的渗透力。只有土体中的细粒含量不断增加，直至土颗粒所形成的孔隙被全部充填，形成一个实体时，管涌才转化为流土。土体孔隙中所含细粒的多少，是影响渗透变形的因素，若孔隙中只有少量细粒，则细粒处于自由状态，在较小的水力坡降下，细粒将在渗流作用下由静止状态启动而流失。若孔隙中细粒不断增加，尽管仍处于自由状态，但因阻力增大，则需较大的水力坡降，才能够推动细颗粒运动。若孔隙全被细颗粒所充填，此时孔隙中的沙粒就像微小体积的沙土一样，互相挤在一起，阻力更大，渗流在这些沙粒中的运动与一般沙土中的渗流运动一样，这时的渗透破坏就是流土变形，需要更大的水力坡降。

对于任何水工建筑物及地基而言，渗透变形的形式可以是单一的，也可以是多种形式出现于各个不同的部位，所以不能因为某种形式的渗透变形出现，而忽视其他部位的渗透变形。

三、土坝的渗漏处理及加固措施

坝体发生渗漏后，应仔细检查观测，对资料进行分析整理，找出渗漏原因，并根据具体情况，有针对性地采取相应的措施。处理土坝渗漏的原则是："上堵下排"或"上截下排"。

在上游采取防渗措施，堵截渗漏途径；在下游采取导渗排水措施，将坝体内的渗水导出以增加渗透稳定和坝坡稳定。上堵的措施有水平防渗和垂直防渗。水平防渗指黏土水平铺盖和水下抛土等；垂直防渗有混凝土防渗墙、高压定向喷射板墙、灌浆、黏土贴坡、黏土截水墙人工连锁井柱防渗墙和砂浆板桩防渗墙等。下排的措施是指在坝的背水坡开沟导渗，坝后做反滤透水盖重，导渗沟和减压井等。通常认为，垂直防渗处理效果比水平防渗好。

（一）水平防渗措施

若坝基已发生渗透破坏，或经校核，在高水位情况下不能满足渗透稳定要求，应及时采取加固措施，确保工程安全。

水平防渗是指在坝上游填筑黏土铺盖，与坝体防渗体连接，形成整体防渗，以延长渗径，控制地基渗透变形，减少渗流量。当土坝上游的人工或天然铺盖存在不足时，可采用原铺盖补强或增做铺盖等方法处理。采用加固上游黏土防渗铺盖时，必须在水库具有放空条件下进行，且当地有做防渗铺盖的土料。铺盖长度应满足地基中的实际平均水力坡降和坝基下游未经保护的出口水力坡降小于允许坡降的要求，铺盖的防渗长度除与作用在铺盖上的水头有关外，还与铺盖土料的渗透系数大小和坝基情况等有关。一般在水头较小、透水层较浅的坝基中，土坝的铺盖长度可采用 5~8 倍水头；对水头较大，透水层较深的坝基，可采用 8~10 倍水头。当铺盖长度达到一定限度时，再增加长度，其防渗效果就不显著。

铺盖厚度应保证各处通过铺盖的渗透坡降不大于允许坡降（对黏土一般采用 4%~6%，对壤土可减少 20%~30%），应自上游向下游逐渐加厚。一般铺盖前端厚 0.3~1.0m；与坝体相接处为 1/6~1/10 水头，一般不小于 3m。

对于沙料含量少，层向系数不符合反滤要求，透水性较大的地基，必须先铺筑滤水过渡层，再回填铺盖土料。

水库放空，铺盖有干裂、冻融的可能性时，则应加铺一定厚度的保护层。铺盖土料的渗透系数应不大于 10^{-5}cm/s，坝基土的渗透系数与铺盖土料的渗透系数的比值应大于 100。

水平铺盖适用于较深的透水地基。

（二）垂直防渗措施

对于透水地基而言，采用垂直防渗措施，其截渗效果比水平防渗措施显著。垂直防渗的方法很多，既有适用于坝基防渗又有适用于坝体防渗及绕坝防渗的方法，应根据渗漏原因和具体条件选取。

1. 抽槽回填

当均质土坝和斜墙坝因施工质量不好或其他原因造成坝体渗漏，在上游坝坡面形成渗漏通道，渗漏部位明确且高程离水库水面 3m 以内时，可考虑采用抽槽回填方案，因为它比较可靠。施工时，水库水位必须降至渗漏通道高程以下 1m。开挖时采用梯形断面，抽槽范围必须超过渗漏通道以下 1m 和渗漏通道两侧各 2m，槽底宽度不小于 0.5m，深度应超过斜墙厚度以外 0.5m，且不小于 3m；边坡应满足稳定及新旧填土结合的要求，一般采用 1：0.4~1：1.0。挖出的土不要堆在槽壁附近，以免影响槽壁的稳定，必要时加强支撑，确保施工安全。

回填的土料应与原土料相同。回填土应分层夯实，每层厚度为 10~15cm，要求压实厚度为填土厚度的 2/3。回填土夯实后的干容重不得低于原坝体设计值。回填后的坝坡保护应与原坝体护坡相同。

对于坝体内的渗流通道可采用灌浆法充填密实。

2. 铺设土工膜

土工膜是用沥青、橡胶、塑料等制成的。土工膜的加工方法有喷涂和压延。土工膜分有筋与无筋两种，加筋材料一般为合成纤维织物或玻璃丝布。用于土石坝防渗的土工膜因为要承受较大的水压力，所以其所用土工膜比用在渠道上的土工膜要厚一些。

3. 坝体劈裂灌浆

劈裂灌浆是利用河槽段坝轴线附近的小主应力面，一般为平行于坝轴线的沿直面这个规律，沿坝轴线单排布置相距较远的灌浆孔，利用泥浆压力人为地劈开坝体，灌注泥浆，并使浆坝互压，最后形成一定厚度的连续整体泥墙，起到防渗的作用。同时，泥浆使坝体湿化，产生沉降，增加坝体的密实度。

（1）劈裂灌浆作用机理。

1）泥浆对坝体的充填作用。劈裂灌浆对坝体有很大的充填能力，在坝体内部劈开一条灌浆通道，这个通道又可能把坝体内邻近的缝隙连通起来，灌入更多更稠的浆液，以达到消除隐患，充填坝体和构造防渗帷幕的目的。

2）浆坝互压作用。劈裂式灌浆把大量浆液压入坝体，通过浆液和坝体互压，坝体湿陷，浆液固结的作用，使浆液和坝体都发生质量的变化。浆液和坝体相互作用过程为灌浆时，浆压坝；停灌时，坝压浆。作用的结果是在一定范围内压密了坝体，使水平压应力增加，同时泥浆被压密固结，达到一定的密实度要求。

3）湿陷作用。泥浆进入坝体时，大量的水也随之进入坝体。水除了产生孔隙水压力（根据观测可达 8~10kPa，但不会危及土坝的安全）外，还对坝体产生湿陷作用。湿陷作用的大小与土坝质量和土料性质有关。

一般需灌浆的土坝，都存在坝体质量不好、干容重较低等问题，所以灌浆后都会产生湿陷。湿陷作用的产生使坝体沉降，增加了坝体密度。

4）灌浆的固结和压密作用

①析水作用。泥浆在裂缝或孔洞中，流速逐渐减慢直至停止，经过一段时间后，大量自由水析出，澄清的水在浆液上部，再经过其他措施进入坝体或用吸管吸出坝体。析水作用除与浆液中的颗粒大小和成分有关外，还与水中的离子性质有关。

②物理化学作用。包括土颗粒的电分子引力作用、水中的离子水化作用和孔隙中的毛细管作用。土对水的物理化学作用表现为土对水的吸力，同一类土其含水量越小，坝体越干燥，吸力越大。所以，在坝体干燥或在浸润线低的情况下灌浆，对固结有利。

③渗透作用。水在重力和压力作用下产生渗流即灌浆压力使浆液渗入坝体，坝体回弹加速水分排出。

④凝结作用。通过观测泥浆孔隙水压力和开挖检查表明，灌浆后第一个月泥浆固结80%左右，10个月即可接近固结。

（2）劈裂灌浆设计要点。

1）灌浆孔的设计。在灌浆设计前，应将土坝问题的性质、隐患的部位研究分析清楚，才能有针对性地进行灌浆设计。灌浆设计一般包括以下内容：

①布孔位置。确定孔位，要根据坝体质量小主应力分布情况、裂缝及洞穴位置、地形等用不同的灌浆方法和不同的要求区别对待，一般分为河床段、岸坡段、弯曲段及其他特殊的坝段，如裂缝集中、洞穴和塌陷、施工结合部位等。在河床段，一般沿坝轴线或偏上游直线单排布孔。对重要的坝或普遍碾压不实，土料混杂，夹有风化块石，存在架空隐患的坝体，可采用双排或三排布孔，增加土体强度，改善坝体结构和防渗效果，排距一般为0.5~1.0m。在岸坡段或弯曲段，由于坝体应力复杂，劈裂缝容易沿圆弧切线发展，应根据其弧度方向采用小孔距布孔或采用多排梅花形布置，也可以通过灌浆试验确定，但必须保证形成连续的防渗帷幕。

②分序钻孔。分序钻孔是把一排孔分成几序钻孔灌浆，这样可以使灌入的浆液平衡均匀分布于坝体，有利于泥浆排水固结，避免坝体产生不均匀沉降和位移而出现新的裂缝。同时，后序孔灌注的浆液对前序孔可起到补充作用。分序钻孔一般按由疏到密的原则布孔。第一序孔间距的确定与坝高、坝体质量、土料性质灌浆压力、钻孔深度等有关。土坝高、质量差、黏性低，可采用较大的间距；土坝低、质量较好、黏性高，可采用较小的间距。第一序孔距一般采用坝高的2/3或孔深的2/3。先钻灌一序孔，后在一序孔中间等分插钻二序孔。孔序数一般分为二序，最多不宜超过三序孔，减少钻灌机械设备的搬迁次数。如果坝体质量很好，但局部表面有裂缝和洞穴等，也可辅以充填灌浆。

③孔深、孔径和钻孔。孔深般达到隐患以下2~3m。对于坝体碾压质量很差，且渗流隐患较严重的坝，钻孔可深至坝底，甚至深入基岩弱风化层0.5m，并尽量保持垂直，斜率控制在15%以内，以保证相邻两灌浆孔之间所形成的防渗浆体帷幕能够很好地衔接。孔径采用5~10cm为宜，太细则阻力大，易堵塞。钻孔采用干钻，如钻进确有困难时，可采用少量注水的湿钻，但要求保护好孔壁连续性，不出现初始裂缝，以免影响劈裂灌浆效果。

④终孔距离。终孔距离的确定，应考虑坝型、填坝土料、孔深以及灌浆次数等因素，在保证劈裂灌浆连续和均匀的条件下，应适当放大孔距，降低工程造价。对重要工程一般可通过现场灌浆试验决定。对于中小型工程，如河槽段孔深在30~40m，可采用10m左右的孔距；孔深小于15m，可采用3~5m的孔距；在岸坡段则宜选用1.5~3.0m的孔距。对于

黏粒含量较高的坝，孔距可小些；对于沙性土坝，孔距可放大些。但是，孔距太大，会造成单孔注浆量大和注浆时间长，浆脉厚度不均匀，两孔之间浆脉不易衔接连续；孔距过小，增加钻灌工程量，坝体易产生裂缝，造成串浆冒浆现象。所以，要根据工程的实际情况，因地制宜地确定经济合理的孔距。

2）坝体灌浆控制压力的确定。灌浆压力系指注浆管上端孔口的压力值，即灌浆时限制的最大压力。灌浆压力是泥浆劈裂坝体所具备的能量，是影响大坝灌浆安全和灌浆效果的主要因素，也是劈裂灌浆设计的重要控制指标。灌浆压力设计合理，对坝体的压密和回弹，浆脉的固结和密实度，泥浆的充填和补充坝体小主应力的不足以及保证泥浆帷幕的防渗效果等都有很大作用。反之，将影响灌浆质量，并可能破坏坝体结构，产生不良的效果。但是，灌浆压力的设计是一个比较复杂的问题，它与坝型、坝高、坝体质量、灌浆部位、浆液浓度以及灌浆量的大小等因素有关，通常可采用公式估算，重要工程还应通过试验确定。一般注浆管孔口上端压力值不超过 49kPa。

3）坝体灌浆帷幕设计厚度。浆体厚度是指灌浆泥墙固结硬化以后的厚度。确定其厚度，应考虑浆体本身的抗渗能力、防渗要求，坝体变形、安全稳定以及浆体固结时间等因素，一般按渗透理论、变形稳定、固结时间及浆脉渗透破坏验算等决定，一般为 10~50cm。

4）浆液的配制。泥浆的选择应符合灌浆要求、土石坝坝型和土料、隐患性质和大小等因素，一般对土料的要求，黏粒含量不能太少，水化性好，浆液易流动，且有一定的稳定性。具体要求是：浆液土料应有 20% 以上的黏粒含量和 40% 以上的粉粒含量，浆液容重一般为 $1.27~1.57g/cm^3$。制浆一般采用搅拌机湿法制浆，随时观测泥浆密度，使其达到设计要求。

（3）灌注方法。土坝劈裂灌浆也要按逐步加密的原则划分次序进行。不宜在小范围内集中力量搞快速施工。每个灌浆深孔都应自下而上地分段灌浆。先将置入的孔管提离孔底 2~3m 做第一段灌浆，等经过多次复灌完毕后，再上提 2~4m 做第二段灌浆，直到全孔灌完。

浆液自管底压出，促使劈裂从最低处开始，而后向高处延伸，争取达到"内劈外不劈"，提高灌浆效果。应力求避免将劈缝延伸到坝顶，产生冒浆。为此目的，应限制注浆速度不能太快，每次的注浆量不能太多，从而限制住每次的劈缝不能延伸得太远，开裂得太宽。所需要的"泥墙"厚度要在多次重复灌浆中逐步达到，而不能一气呵成。在一个孔段中灌够限定的浆量时，本次灌浆即可停止，必要时再等下次重复灌浆。

当每孔灌完后，可将注浆灌拔出，向孔内注满容重大于 $14.7kN/m^3$ 的稠浆，直至浆面升至坝顶不再下降为止。必须注意，在雨季及库水位较高时，不宜进行灌浆。

4. 冲抓套井回填

冲抓套井回填法是利用冲抓式打井机具，在土坝或堤防渗漏范围造井，用黏性土分层回填夯实，形成一道连续的套接黏土防渗墙，截断渗流通道，达到防渗的目的。此外，在回填黏土夯击时，夯锤对井壁土层挤压，使其周围土体密实，提高堤坝质量，从而达到防渗和加固的目的。

（1）确定套井处理范围。根据土坝工程渗漏情况，即渗漏量大小、逸出点位置、施工记录以及钻探、槽探资料分析，尽量确定全面渗漏范围。处理坝段长度，一般以渗漏点向左右沿轴线延伸约为坝高的 1 倍距离。如处理一个漏洞时，要考虑到漏洞不是一条直线，要适当扩大范围，其深度也要超过渗出点 3m。

（2）套井防渗墙设计。冲抓套井回填黏土防渗墙处理堤坝渗漏的设计，主要包括冲抓套井平面布置、孔距、孔深、排距和防渗墙厚度等。

（3）套井深度。根据坝体填筑质量确定，要求做到填筑质量较密实，保证紧邻防渗墙土体的渗透系数与防渗墙的渗透系数相接近，并深入坝体填筑质量较好的土层内 1~2m。对坝基漏水，深入不透水层或至较好的岩基。坝内设有涵洞的，为不影响涵洞质量，一般在洞顶以上 5m 处，不要冲击，而是采用钻头自重抓土。

（4）套井孔距。孔距决定于两孔间的搭接长度。搭接长，则孔距小，增加了套井工程量；反之，搭接短，则孔距大，可减少总孔数。每个套井直径约为 1.1m。过去主要考虑搭接处要达到 70~80cm 厚度，套井中心距一般为 65~75cm。实践证明，由于夯击时侧向压力作用，套井搭接处的坝体渗透系数小于套井中心处的渗透系数。所以，套井搭接处的厚度虽然小于套井中心处，但防渗强度大于中心处，说明两孔套接处不会产生集中渗流，套井孔距可以加大。现在一般将井中心距离由 65~75cm 加大到 80~90cm，以节省工程量，降低工程造价。

（5）回填土料选择。回填土料的质量是套井回填成功的关键，对所选料场必须做土工物理力学指标试验，与原坝体指标对比，加以确定。一般要求是非分散性土料，黏粒含量在 35%~50%，干密度要大于 15kN/m³，干密度与含水量通过现场试验控制在设计要求的范围内。

（6）此法适用于均质坝和宽心墙坝。

5. 混凝土防渗墙

混凝土防渗墙是利用钻孔、挖槽机械，在松散透水地基或坝（堤）体中以泥浆固壁，挖掘槽形孔或连锁桩柱孔，在槽（孔）内浇筑混凝土或回填其他防渗材料筑成的具有防渗等功能的地下连续墙。处理基础的防渗墙，将其上部与坝体的防渗体相连接，墙的下部嵌入基岩的弱风化层；处理坝体的防渗墙，其下部应与基础的防渗体相连接；处理坝体、坝基的防渗墙，可从坝顶造槽孔，直达基岩的弱风化层。在防渗加固中，严格控制质量，是可以截断渗流，从而保证已建坝体和坝基渗透稳定，并有效减少渗透流量。这对于保证险库安全，充分发挥水库效益起着重要作用。

6. 高压喷射灌浆

高压喷射灌浆，简称高喷灌浆或高喷，其与静压灌浆作用原理有根本的区别。静压灌浆借助于压力，使浆液沿裂隙或孔洞进入被灌地层。当地层隙（洞）较大时，虽然可灌性好，但浆液在压力作用下，扩散很远，难以控制，要用较多的灌浆材料。高压喷射灌浆则是一种采用高压水或高压浆液形成高速喷射流束，冲击、切割、破碎地层土体，并以水泥基质浆液充填、掺混其中，形成桩柱或板墙状的凝结体，用以提高地基防渗或承载能力的施工技术，因而比静压灌浆的可灌性和可控性好，而且节省灌浆材料。

该项技术具有设备简单、适应性广、功效高、效果好等优点，适用于淤泥质土、粉质黏土、粉土、沙土、卵（碎）石等松散透水地基（最大工作深度不超过 40m 的软弱夹层、沙层、沙砾层地基渗漏处理）。而在块石、漂石层过厚或含量过多的地层，应进行现场试验，以确定其适用性。

（1）高压喷射灌浆作用机理。

1）冲切掺搅作用。水压力高达 20~40MPa 的强大射流，冲击被灌地层土体，直接产生冲切掺搅作用。射流在有限范围内使土体承受很大的动压力和沿孔隙作用的水力劈裂力以及由脉动压力和连续喷射造成的土体强度疲劳等，从而使土体结构破坏。在射流产生的卷吸扩散作用下，浆液与被冲切下来的土体颗粒掺搅混合，形成设计要求的结构。

2）升扬置换作用。在水、气喷射时，压缩空气在水射束周围形成气幕，保护水射束，减少摩阻，使水射束能量不过早衰减，增加喷射切割长度。

3）充填挤压作用。在高压喷射束的末端及边缘，能量衰减较大，不能冲切土体，但对周围土体产生挤压作用，使土体密实；在喷射过程中或喷射结束后，静压力灌浆作用仍在进行，灌入的浆液对周围土体不断产生挤压作用，使凝结体与周围土体结合更加密实。

4）渗透凝结作用。高压喷射灌浆除在冲切范围以内形成凝结体外，还能使浆液向冲切范围以外渗透，形成凝结过渡层，也具有较强的防渗性。渗透凝结层的厚度与被灌地层的组成级配及渗透性有关。在透水性较强的砾卵石层，其厚度可达 10~50cm；在透水性较弱的地层，如细沙层和黏土层，其厚度较薄，甚至不产生渗透凝结层。

（2）设计要点。在进行高压喷射灌浆设计工作前，要详细掌握被灌地基土层的工程地质和水文地质资料。同时，选择相似的地基，做喷射灌浆围井试验，为设计提供可靠技术数据，对钻孔孔距和布置形式结合试验成果设计。

（3）高喷灌浆的施工。其一般工序为机具就位、钻孔、下入喷射管、喷射灌浆及提升、冲洗管路、孔口回灌等。当条件具备时，也可以将喷射管在钻孔时一同沉入孔底，而后直接进行喷射灌浆和提升。

第三章 水闸除险加固常用技术

对水闸现状调查资料表明，我国的现有水闸具有结构类型众多、水闸数量巨大、分布非常广泛、修建年代久远、设计标准较低、风险种类繁多、出险原因复杂等特点，这样就给水闸除险加固设计和施工带来很大难度。所以，在水闸除险加固过程中，必须针对水闸的不同结构类型，不同病险状况和不同出险部位，采用不同的除险加固技术才能达到比较理想的效果。

第一节 防渗排水设施修复技术

水闸在安全鉴定中，经过现场检测和复核计算反映出来的渗流问题，一般为水闸发生渗透破坏，或者渗流复核计算结果不满足规范要求。出现这些问题的原因很多，可能是由一种或多种因素引起的。在水闸除险加固中，要根据安全鉴定结果，针对不同情况采取相应的除险加固措施。就水闸渗流问题，按其对水闸的影响程度，大致可归纳为两类：因渗流而产生地基变形值超出规范允许值；没有产生渗透变形或渗透变形值小于规范允许值。

在水闸除险加固中，对于变形值超出规范允许值的水闸，一般应按安全鉴定结论采取拆除重建或降低标准使用的措施。这里仅针对没有产生渗透变形或渗透变形值小于规范允许值的水闸，介绍采取防渗排水设施的修复技术。

一、水平防渗设施的修复

在水闸的防渗设计和施工中，闸前铺盖在增加过闸渗径、减小渗透坡降、减小渗流量、防止渗透破坏、提高闸室稳定性等方面具有重要作用。

（一）水闸铺盖的修复

水闸的铺盖一般分为柔性铺盖和刚性铺盖，主要有黏土及壤土铺盖、复合土工膜铺盖混凝土及钢筋混凝土铺盖。其中，黏土及壤土铺盖、复合土工膜铺盖属于柔性铺盖，混凝土及钢筋混凝土铺盖属于刚性铺盖。黏土及壤土铺盖混凝土及钢筋混凝土铺盖，在水闸中应用较多，也是水闸除险加固设计中经常采用的铺盖类型，因此水闸铺盖的修复主要是指以上两种铺盖的加固。

1. 黏土及壤土铺盖、混凝土及钢筋混凝土铺盖的修复

在水闸除险加固设计中，根据不同风险和不同铺盖类型，一般可采用接长、修复、拆除重建铺盖的处理措施。对于受条件限制水平防渗设施不能满足防渗要求的，可以增加垂直防渗设施。对于黏土及壤土铺盖，无论是长度不满足要求，还是铺盖出现裂缝、冲击破坏，由于黏土铺盖不允许有垂直施工缝存在，所以一般采取拆除重建措施。

对于混凝土及钢筋混凝土铺盖，可以采用接长、修复、拆除重建的处理措施。当铺盖出现裂缝、渗漏等情况，而其长度和结构强度都满足规范要求时，可以对混凝土的裂缝、渗漏等缺陷进行修复；经过经济技术比较，混凝土及钢筋混凝土铺盖也可以拆除重建。

对于铺盖的拆除重建，不应当受原铺盖的限制，设计单位可依据相关规范重新进行设计，或结合其他地基处理措施改为垂直防渗。同时，应采用比较成熟的新技术、新工艺，如复合土工膜铺盖等。

2. 复合土工膜铺盖的特点及施工工序

复合土工膜是在薄膜的一侧或两侧贴上土工布，形成复合土工膜。具有强度高，延伸性能较好，变形模量大，耐酸碱、抗腐蚀，耐老化，防渗性能好等特点。能满足水利、市政、建筑、交通、地铁、隧道、工程建设中的防渗、隔离、补强、防裂加固等土木工程需要。由于其选用高分子材料且生产工艺中添加了防老化剂，所以可在非常规温度环境中使用。常用于堤坝、水闸、排水沟渠等水利工程的防渗处理。

（1）复合土工膜铺盖的主要优点

复合土工膜是以塑料薄膜作为防渗基材，与无纺布复合而成的土工防渗材料，它的防渗性能主要取决于塑料薄膜的防渗性能。现代水闸防渗工程实践证明，复合土工膜铺盖具有以下主要优点：

1）防渗效果良好，复合土工膜具有极低的渗透系数，它不仅比黏土及壤土铺盖渗透系数低很多，而且具有长期稳定的防渗效果。

2）复合土工膜质量较轻，搬运、铺设均比较容易，施工速度比以上铺盖都快，施工质量也容易保证。

3）复合土工股具有一定的保温防冻胀作用，可降低防冻胀的成本，从而降低铺盖投资。

4）复合土工膜具有良好的力学性能，具有比普通土工膜更好的抗拉、抗顶破和抗撕裂强度，能够承受足够的施工期和长期的运行受力，具有较高适应变形能力，且复合土工膜外层的土工织物与土的结合性能较好，复合土工膜与土之间的摩擦系数较大，抗滑稳定性好。

（2）复合土工膜铺盖的施工工序

1）基面找平。为了减少复合土工膜下的渗水情况，使复合土工膜与黏土结合良好，要求在铺设前剔除表面的坚硬尖状物，以防止刺破复合土工膜，对于部分凹陷变形较大的基面，要用黏土将其找平压实。

2）进行铺设。要求对于复合土工膜的铺设，按照自上而下、先中间后两边的顺序进行；在展开土工膜的过程中，一定要避免强力生拉硬扯，同时也不能压出死折，保证具有一定的松弛度，以适应变形和气温变化；铺设应选择在干燥天气下进行，并做到随铺设随压实。

3）接头焊接。复合土工膜接头的拼接方法常用的有热熔焊法、胶粘法等。在进行焊接时，要求膜体接触面无水、无尘、无垢、无褶皱，搭接长度应满足要求，当采用自动高温的电热模式双道塑料热合焊机时，要求首先进行调温、调速试焊，以确定合适的温度、速度等工艺参数。在现场焊接时，要严格防止虚焊、漏焊、超焊等情况的发生，如果发现有损伤应立即进行修补。

4）质量检查。复合土工膜焊接完成后，应及时进行焊缝质量检查，对检查发现的质量缺陷，应采取相应措施进行处理，质量检查可以采用目测与充气相结合的方法。

5）上覆保护层。复合土工膜焊接完成并经质量检查合格后，应在其上面及时覆盖保护层，以防止复合土工膜在紫外线照射下老化和其他因素引起的直接破坏。

6）注意事项。在施工中工作人员应穿胶底鞋，以避免损伤复合土工膜；在土工膜上部先垫一层厚度为20cm左右的细沙壤土，避免其他材料刺破复合土工膜；保护层填筑应分层超宽碾压密实。

（二）永久缝止水修复

为了防止和减少由于地基不均匀沉降、温度变化和混凝土干缩引起的裂缝，应在水闸的合适部位设置永久缝止水。

永久缝止水的修复应根据水闸安全鉴定的结果，结合现场实际情况确定修复方案，编制合理可行的施工组织设计。鉴于水闸除险加固工程的特殊性，在施工过程中还可以根据具体情况适当调整修复方案。由于方案选择的材料不同，施工工艺略有差别。

永久缝止水的修复一般采用表面封闭可伸缩止水材料，主要有遇水膨胀止水条、U形止水带、止水胶版（带）、聚合物砂浆、弹性环氧树脂、密封胶、钢压板等，也可多种材料联合运用，以达到修复的目的。

永久缝止水修复的一般施工顺序为：施工准备＋永久缝开槽→槽面清理与修补→止水材料安装＋槽面封闭＋切槽。

1.施工准备工作

永久缝止水修复施工准备工作，应根据选择的施工方案，准备施工材料、人员及相关的施工机械设备，并清除永久缝两侧50cm范围内混凝土表面的附着物。

2.永久缝的开槽

沿着永久缝两侧开U形槽，根据施工方案的不同，U形槽的宽度为20~50 cm，槽的深度为2~10cm。开槽时应清除松动的混凝土，在开槽深度较大时应注意保护好结构内钢筋。

3. 槽面清理与修补

U形槽开槽完成后，应采用高压水枪清理槽面，去除混凝土表面的灰渣，然后采用混凝土修补材料将槽的底部修补平整，修整前需要进行结合面界面处理。

4. 止水材料安装

按照选定的施工方案安装止水材料。遇水膨胀止水条可以直接进行嵌填，U形止水带、止水胶版（带）采用钢压板跨缝隙紧固在槽底。压紧钢板的螺栓宜采用钢筋或锚栓锚固技术加以固定。

5. 槽面封闭与切槽

槽面封闭与切槽是指采用聚合物砂浆或弹性环氧树脂将槽修补平整，在材料初凝后用薄钢板或其他片状物在永久缝对应位置切缝，切缝时应特别注意不要损伤止水材料。在选定施工方案时，可采用上述一种或多种止水材料联合运用。永久缝的修复处理，不能灌注刚性灌浆材料，而应当灌注弹性灌浆材料，防止永久缝处产生变形失效而引起结构产生新的裂缝。

二、垂直防渗设施的修复

水闸的垂直防渗设施，主要有板桩（如木板桩、钢筋混凝土板桩和钢板桩）地下连续防渗墙、垂直土工膜等。

工程实践充分证明：由于水闸垂直防渗设施是典型的隐蔽性结构，其垂直防渗破坏后，对原防渗设施一般无法直接进行修复，但可以在原防渗设施上游重新设计垂直防渗；当条件许可时，也可以采用其他防渗措施进行抗渗处理，如在上游接长防渗铺盖等。重新设计垂直防渗设施时，原则上板桩地下连续防渗墙和垂直土工膜均可以采用，但考虑到水闸一般建设在河道中或河堤上，地基土质以软土为主，同时设备和作业条件受到较大限制，所以一般以高压喷射地下连续墙比较适合，在地基条件和施工条件允许的情况下，也可以采用混凝土防渗墙。

地下连续墙是指在地面以下用于支承建筑物荷载、截水防渗或挡土支护而构筑的连续墙体。地下连续墙利用各种挖槽机械，借助于泥浆的护壁作用，在地下挖出窄而深的沟槽，并在其内浇筑适当的材料而形成一道具有防渗、挡土和承重功能的连续的地下墙体。地下连续墙施工震动小、噪声低，墙体刚度大，防治性能好，对周围地基无扰动，可以构成具有很大承载力的任意多边形连续墙代替桩基础、沉井基础或沉箱基础。施工主要工艺为导墙、泥浆护壁、成槽施工、水下灌注混凝土、墙体各段接头的处理等。

对地下连续墙的质量检测，可采用超声波地下连续墙检测仪，利用超声探测法将超声波传感器浸入钻孔中的泥浆里，可以很方便地对钻孔四个方向同时进行钻孔状态监测，实时监测连续墙槽宽、钻孔直径、孔壁或墙壁的垂直度、孔壁或墙壁坍塌状况等。

地下连续墙一般具有适当的强度、较高的抗渗等级。较低的弹性模量，因此混凝土拌和料也要有较好的和易性与较高的坍落度。采用直升导管法在泥浆内浇筑混凝土能有效地将泥浆与混凝土隔开。在水闸土质地基内浇筑防渗墙混凝土要控制孔内混凝土面的上升速度，以防止坝体开裂。不论采用何种墙型，相邻墙体各段之间的连接工艺是防渗墙施工技术中的难点。工程实践证明，接缝质量不良常会成为水闸基础中的隐患。因此，地下连续防渗墙施工中要严格保证质量。

三、排水设施的修复

排水设施一般采用分层铺设的级配砂沙层，或平铺的透水土工布在护坦（消力池底板）和海漫的底部，延伸入底板下游齿墙稍前方，渗流由此与下游连接。排水设施失效时，对水闸的稳定性和安全产生不利，应根据实际情况对其进行修复处理。

当排水管损坏或堵塞时，应将损坏或堵塞的部分挖除，按原设计进行修复。排水管修复时，应根据排水管的结构类型，分别按照相应的材料及相应规范进行修复。

当反滤层发生失效时，应拆除失效段的护坦或海漫，按照原设计重新铺设反滤层或采用其他的排水设施，如可在护坦或海漫上增设排水降压井，其布置方式按照有利于排水的原则进行。

四、绕水闸渗流修复

绕水闸渗流是水闸上游水流绕过水闸的两侧与堤坝连接段形成流向下游的渗透水流。对于已发生侧向绕渗流的水闸，应首先了解水闸两侧的地质情况和渗漏部位，其次采取相应的措施进行处理，处理的方法有增加侧向齿墙、钻孔灌浆等。

水闸采用增加侧向齿墙时，首先应根据实际情况设计增加的道数，然后选用高压喷射灌浆法或回填黏土法进行处理，在工程中最常用的是冲抓套井回填黏土法。

冲抓套井回填黏土法，是利用冲抓机械按设计要求造孔，然后回填黏土防渗材料，并经机械夯实后，在土坝体内形成一道连续的具有一定厚度的防渗心墙，从而达到补漏和防渗的目的。

水闸可利用冲抓式的打井机具，在水闸端部与堤坝防渗范围内造井，用黏性土料分层回填夯实，形成一段连续的套接黏土防渗墙，从而截断渗流通道，起到防渗的目的；同时在夯实黏性土的过程中，夯锤对井壁的土层形成挤压，使其周围的土体密实，提高土体的质量，达到防渗和加固的目的。

冲抓套井回填黏土法在施工中应掌握以下要点：

确定套井处理的范围，根据绕水闸渗漏情况，即渗漏量大小、渗流点位置以及钻探槽探资料，分析渗漏范围及处理长度，一般以闸室的侧墙偏上游一侧，沿着堤坝的轴线延伸，长度以满足防渗要求为准。

套井的深井应达到闸底板底部高程，由于夯击黏土时是侧向压力作用，因此套井搭接处的土体渗透系数应小于套井中心处的渗透系数，两孔套连接处不会产生集中渗流。

套井间距（中心距离）的计算公式为：L=2Rcosa，R 为套井的直径，a 为最优角，即主井和套井交点与圆心连线和轴线的夹角。

用于套井回填的土料，应符合以下几项要求：是非分散性土料，黏粒的含量为35%~50%，渗透系数小于 5 cm/s，干密度大于 1.5 g/cm³。

冲抓套井回填黏土法的施工工艺主要包括造孔、回填、夯实三个环节。其详细的工艺流程为：放样布孔＋钻机对中＋进行造孔＋下井检查＋人工清理＋回填夯实→质量检查＋移动钻机＋料场取土＋土料运输＋土料处理等。

进行造孔。冲抓套井回填黏土法造孔的施工顺序，一般是在同一排井中先打主井，在回填夯实后，再打套井回填夯实，以此顺序进行施工。

进行回填。在土料回填前，应下井进行检查，将井底的浮土、碎石等杂物清理干净，并保持井内无水。回填土料粒径一般不得大于 5cm，并不准掺有草皮、树根等杂物。回填铺土要均匀平整，分层回填夯实，铺土层不得太厚，以 30~50 cm 为宜。

土料夯实。夯实回填土料时落锤要平稳，提升后要使其自由下落，不使钢丝绳抖动，夯铺下落距离宜小，不要忽高忽低。施工参数应通过现场试验确定，按其试验的最佳铺土厚度、夯重、落距、夯击次数控制。一般控制夯锤下落距为 2 m，夯击次数为 20~25 次。当料场改变后，施工参数也应进行相应调整。

质量检查。主要包括土料检查、井孔检查、回填土质量检查等。土料检查：检查土料性质、含水量等是否符合设计要求，是否已将草皮、树根等杂物清除干净；井孔检查：检查井底的清基及积水的排除，测量孔深度是否达到设计要求的深度；回填土质量检查：检查干密度、渗透系数，一般要求对每个套井均进行取样试验。

第二节　水闸地基处理技术

水闸地基处理的方法很多，它们主要用于以下三个方面：增加地基的承载力，保证建筑物的稳定；消除或减少地基的有害沉降；防止地基渗透变形。国外对于水闸地基处理的方法也很多，使用较多的主要有以下几种方法：置换法、排水固结法、灌入固化物法、振动密实或挤密法、加筋法和桩基法等。

水闸地基处理的核心是根据地基土的工程力学特性。水闸的形式、结构受力体系、建筑材料种类、作用荷载、施工技术条件以及经济指标等，选择合理的处理方法和施工技术。病险水闸的地基加固处理，还应当考虑水闸的基础类型、布置以及对堤防和其他邻近建筑物的影响等因素。对于拆除重建的水闸地基，应按照新建水闸地基进行设计。这里主要介绍经过安全鉴定为三类闸的地基加固技术，其中主要包括地基处理技术和地基纠偏措施。

一、地基处理技术

水闸地基进行加固处理，由于受场地和建筑物结构形式的限制，很多常用的加固技术难以得到实现。根据我国现在对水闸地基加固的实践，主要采用灌浆加固地基法和高压喷射灌浆法，在工程条件允许的情况下，也可采用其他的加固方法。

（一）灌浆加固地基法

灌浆的主要目的是对地基土体加固和防渗，为了提高灌浆效果，应选择合适的浆料，特别是浆料要有掺入土体的性能，同时需要有长期的稳定性以保持处理效果。灌浆材料可分为水泥类和化学类。

灌浆法是利用压力或电化学原理将可以固化的浆液注入地基中或建筑物与地基的缝院中。灌浆浆液可以是水泥浆、黏土水泥浆、黏土浆；各种化学浆材，如聚氨酯类、木质素类、硅酸盐类等。

1. 水泥灌浆

水泥类灌浆材料结石体强度高、造价比较低廉、材料来源丰富、浆液配制方便、操作比较简单，但由于水泥颗粒粒径较大，水泥浆液一般只能注入直径或宽度大于 0.2 mm 的孔除或裂隙中。目前生产的超细水泥浆可灌入宽度大于 0.02 mm 的孔隙，或粒径大于 0.1mm 的粉砂和细砂层，扩大了水泥灌浆的使用范围。水泥灌浆的方法很多，我国至今尚无统一分类标准。一般按灌浆工程的地质条件、浆液扩散能力和渗透能力分为以下几类。

（1）充填灌浆法

充填海浆法适用于大裂隙、洞穴的岩土体灌浆。充填灌浆的目的是通过对地基土体内部孔隙灌浆，提高水闸基础的应力整体抗滑稳定性，提高水闸地基防渗堵漏的能力。

（2）渗透灌浆法

渗透灌浆是指在压力作用下，使浆液充填土的孔隙和岩石的裂隙，排挤出孔隙中存在的自由水和气体，而基本上不改变原状土的结构和体积。渗透灌浆法主要用于沙砾层地基的灌浆。

（3）压密灌浆法

压密灌浆是指通过在土中灌入极浓的浆液，在灌浆点使土体挤压密实，在灌浆管端部附近形成浆泡。压密灌浆法常用于中砂地基，黏地基中若有适宜的排水条件也可以采用。当遇排水困难而可能在土体中引起高孔隙水压力时，就必须使用很低的灌浆速率。压密灌浆还可用于非饱和的土体，以调整不均匀沉降进行的托换技术，以及在大开挖时对邻近土体进行加固。

由于浆液在劈入土层过程中并不是与土颗粒均匀混合，而是各自存在，所以从土的微观结构分析，土除受到部分的压密作用外，其他物理力学性能的变化并不明显，故其加固效果应从宏观上来分析，即应考虑土体的骨架效应。

2. 化学灌浆

化学灌浆是将一定的化学材料（无机或有机材料）配制成真溶液，用化学灌浆泵等设备将其灌入地层或院内，使其渗透、扩散、胶凝或固化，以增加地层强度、降低地层渗透性、防止地层变形和进行混凝土建筑物裂缝修补的一项加固基础的手段，防水堵漏和混凝土缺陷补强技术。化学灌浆是化学与工程相结合，应用化学科学、化学浆材和工程技术进行基础和混凝土缺陷处理（加固补强、防渗止水），保证工程的顺利进行或借以提高工程质量的一项技术。

（1）化学灌浆的特点

化学灌浆是建筑混凝土裂缝，蜂窝等防渗堵漏的重要手段之一。性能优良的化学灌浆材料和合理可行的灌浆施工方法是化学灌浆防渗堵漏得以实现的关键所在。

1）化学灌浆具有简单、方便、快速、有效等诸多优点，它不但起到防渗堵漏的作用，而且还起到一定的结构加固作用。

2）在进行化学灌浆时，对于渗水量微小的毛细管水和流量较大的管涌，其防渗堵漏工作难度最大，尤以多次重复（复合）灌浆工艺效果最理想。

3）化学灌浆的施工工艺要求非常严格；有的化学灌浆材料在聚合前有毒性，在施工中应切实做好防护工作。

（2）化学灌浆的方法

化学灌浆通常采用单液法和双液法两种。施工工序主要为瓶浆孔的布置设计、钻孔、钻孔冲洗、预埋灌浆管、灌浆、灌浆结束和封孔、数据分析。

由于化学灌浆是真溶液，因此采用填压式灌浆。灌浆压力需在短时间内上升到设计最大允许压力，以保证灌浆的密实性。扩大有效扩散范围。由于化学灌浆浆液使用的材料在凝结前均有不同的毒性，有的具有易燃、易爆和腐蚀等性能，因此对施工设备的选择有特定的要求，施工人员应经过专门培训，采取必要的安全防护措施，以保证人体健康和避免污染环境。

（3）化学灌浆设备选择原则

1）制浆设备选择原则。包括：多使用搪瓷桶或硬质塑料桶和叶片式搅拌器等；制备好的浆液存入浆液桶，浆液桶一般由玻璃钢、塑料或不锈钢等材料制成；桶与桶或桶与灌浆泵体间可多用胶管快装接头连接。

2）灌浆泵选择原则。包括：能在设计要求的压力下安全工作；能灌注规定浓度的化学浆液；排浆的量可在较大幅度内无级调节；压力平稳，控制灵活；操作简便，便于拆洗和检修。

3. 黏土灌浆

黏土灌浆是指利用灌浆泵或浆液自重，通过钻孔把黏土浆液压送到土体内的工程措施。

（1）黏土灌浆的浆料

黏土灌浆一般使用黏土即可，制备黏土浆的土料，应以含黏粒25%~45%、粉粒45%~65%、细砂10%的重壤土和粉质黏土为宜。土料黏粒含量过大则造成析水性差，固结后收缩变形大，易产生裂缝。必要时可加入水玻璃或水泥调节灌浆效果，浆液的水土比控制在（1：0.75）~（1：1.25），泥浆密度控制在1.25~1.00 g/cm³。必要时可经试验确定。

（2）黏土灌浆的作用

工程实践证明，黏土灌浆具有如下作用：充填劈裂或洞穴，保障土体的完整性，堵塞渗透通道；改善土体内的应力条件，增加土体的稳定性；消除土体内管涌、流土、接触冲刷，减小或消除拉应力。

（3）黏土灌浆的施工工序

黏土灌浆的施工工序为：进行钻孔＋安放灌浆管＋孔口封堵＋浆液制备→进行灌浆＋最终封孔。

（4）灌浆中的处理措施

1）在灌浆过程中，如果发现浆液冒出地表（冒浆），可采取如下控制性措施：降低灌浆压力，同时提高浆液的浓度，必要时掺加适量砂或水玻璃；进行限量灌浆，控制单位吸浆量不超过30~40L/min，采用间歇性灌浆的方法。

2）在灌浆过程中，当浆液从附近其他钻孔流出称为串浆，可采用如下控制性措施：加大第一次序孔间的孔距；在施工组织安排上，适当延长相邻两个次序孔的施工时间间隔，使前一次序孔浆液基本凝固或具有一定强度后，再开始后一次序孔的钻孔，相邻同一次序的孔，不要在同一高程钻孔中灌浆；如串浆的孔正钻孔，应停止钻孔并封闭孔口。等灌浆完成后再恢复钻孔。

（二）高压喷射灌浆法

高压喷射灌浆法的原理是以高压喷射直接冲击破坏土体，使水泥浆液与土体拌和，凝固后成为拌和桩体。此法加固地基主要用于软弱土层，对砂类土、黏性土、黄土和淤泥均能进行加固，效果较好，该法设备简单、轻便、施工噪声小，可用于水工建筑物或建筑物基坑支护结构的防渗止水。

但是，此高压喷射灌浆法也有一定的局限性：地层含有过大的砾卵石、块石影响喷射效果，地层有空隙或漏浆通道造成浆液漏失，淤泥层产生缩径，地层中地下水丰富，喷射的水泥浆液被稀释运移而无胶结，这些都是会影响施工质量的因素。

1. 高压喷射灌浆技术的优势

（1）适用范围广。高压喷射灌浆可用于工程新建之前，也可用于工程修建之中，特别是用于工程建成之后，显示出不损坏建筑物的上部结构和不影响运营使用的长处。

（2）施工简便。施工时只需在土层中钻一个孔径为50 mm或300 mm的小孔，便可在土中喷射形成0.4~4.0m的固结体，因而能贴近已有建筑物基础建设新建筑物。

（3）固结体形状可以控制。为满足工程的需要，在喷射过程中，可调整旋转喷射速度和提升速度，增减喷射压力，可更换不同孔径喷嘴改变流量，使形成的固结体符合设计所需要的形状。

（4）料源广阔，价格低廉。喷射的浆液以水泥为主、化学材料为辅，除在要求速凝超早强时使用化学材料外，一般的地基工程都使用价格低廉的42.5级普通硅酸盐水泥。此外，还可以在水泥中加入一定数量的粉煤灰，这不但利用了废材，而且降低了灌浆材料的成本。

（5）设备简单，管理方便。高压喷射灌浆全套设备结构紧凑、体积小、机动性强、占地少，能在狭窄和低矮的现场施工，且施工管理简便。在单管、两管、三管喷射过程中，通过对喷射的压力、吸浆量和冒浆液情况的量测，即可间接地了解其效果和存在的问题，以便及时调整喷射参数或改变工艺，保证固结质量。在多重喷射时，可以从屏幕上了解空间形状和尺寸后再以浆材填充，施工管理十分有效。

2. 高压喷射灌浆的主要方法

高压喷射灌浆方法常用的有单管法、两管法、三管法和多管法等，多管法目前国内较少应用。以上各种灌浆方法具有不同特点，可根据工程要求和土质条件选用。

（1）单管法

单管法是利用钻机等设备，把安装在灌浆管（单管）底部侧面的特殊喷嘴置入土层预定深度后，用高压泥浆泵等装置，以10~25MPa左右的压力，把浆液从喷嘴中喷射出去冲击破坏土体，同时借助灌浆管的旋转和提升运动，使浆液与从土体上崩落下来的土搅拌混合，经过一定时间凝固，便在土中形成圆柱状的固结体。

（2）两管法

两管法是利用两个通道的灌浆管通过底部侧面的同轴双重喷射，同时喷射出高压浆液和空气两种介质射流冲击破坏土体，即以高压泥浆泵等高压发生装置喷射出10~25MPa压力的浆液，从内喷嘴中高速喷出，并用0.7~0.8 MPa的压缩空气，从外喷嘴（气嘴）中喷出。在高压浆液射流和外圈环绕气流的共同作用下，破坏泥土的能量显著增大，与单管法相比，在相同压力的作用下，其形成的凝结体长度可增长1倍左右。

（3）三管法

三管法是使用分别输送水、气、浆液三种介质的管子，在压力达30~50MPa的超高压水喷射流的周围，环绕0.7~0.8 MPa的圆筒状气流，利用水和气同轴喷射，冲刷并切开土体，再由泥浆泵注入压力为0.2~0.7 MPa，浆液量为80~100 L/min的较稠浆液进行充填。

三管法采用的浆液相对密度可达1.6~1.8，浆液多采用水泥浆或黏土水泥浆。当采用不同的喷射形式时，可在土层中形成各种要求形状的凝结体。这种施工方法可用高压水泵直接压送清水，机械不易被磨损，可使用较高的压力，形成的凝结体比两管法大，比单管法大1~2倍。

（4）多管法

多管法施工需要先在地面上钻一个导孔，然后置入多重管，通过逐渐向下运动旋转的超高压射流，切削破坏四周的土体，经高压水冲刷切下的土和石，随着泥浆用真空泵立即从多重管中抽出。装在喷嘴附近的超声波传感器，可以及时测出空间的直径和形状，最后根据需要先用浆液、砂浆、砾石等材料填充，在地层中形成一个较大的柱状固结体。工程实践表明，在砂性土中柱状固结体的最大直径可达 4.0 m。多管法属于用浆液等材料全部充填空间的全置换法。

以上四种高压喷射灌浆法，前三种属于半置换法，即高压水或浆挟带一部分土颗粒流出地面，余下的土和浆液搅拌混合凝固，成为半置换状态；多管法属于全置换法，即高压水冲下来的土，全部被抽出地面，地层中形成孔洞，然后用其他材料充填，成为全置换状态。

3. 高压喷射灌浆的施工准备

（1）灌浆材料准备

1）水泥质量

一般无特殊要求的工程，可采用普通型水泥浆，即纯水泥浆。水泥可采用 32.5 级或 42.5 级的普通硅酸盐水泥。

2）浆液配比

一般泥浆水灰比为（1∶1）～（1.5∶1），不掺加其他任何外加剂。如果有特殊要求，可以根据要求掺加适量添加剂，如水玻璃、氯化钙、三乙醇胺等。

3）浆液配制时间

浆液宜在喷射前 1h 以内进行配制，使用时滤去硬块、砂石等，以免堵塞管路和喷嘴。

（2）主要施工机具

高压喷射灌浆的主要施工机具设备，包括高压泵、钻机、泥浆搅拌器等，辅助设备包括操纵控制系统高压管路系统材料储存系统，以及各种材料、阀门、接头安全设施等。

4. 高压喷射灌浆的施工工艺

高压喷射灌浆基本原理是借助于高压射流冲击、破坏被灌地层结构，同时灌入水泥浆或混合浆，使浆液与被灌地层颗粒掺混，形成符合设计要求的凝结体，以此达到加固地基和防渗的目的。高压喷射灌浆的施工工艺如下：

（1）钻孔。钻孔的过程中做好充填堵漏，使孔内泥浆保持正常循环，返出孔外，直至钻成结束。跟管钻进，边钻进，边跟入套管，直至钻成结束。钻进时应注意保证钻机垂直，偏斜率应小于等于 1%。

（2）插管。当采用高压旋转喷射管进行钻孔作业时，钻孔和插管两道工序合并进行，钻孔达到设计深度时，即可开始喷射；而采用其他钻机钻孔时，应先拔出钻杆，再插入旋转喷射管，在插管过程中，为防止泥沙堵塞喷嘴，可以用较小的压力边下管，边射水。

（3）高喷施工。施工中所用技术参数因使用高喷的方法不同而不同。所用的灌浆压力不同，提升速度也有所差异。对各类地层而言，若使用同一种施工方法，则水压、气压、浆液压的变化不大，而提升速度变化，是影响高压喷射灌浆质量的主要因素。一般情况下，确定提升速度应注意下列问题：因地层而异。在砂层中提升速度可稍快，沙砾石层中应放慢些，含有大粒径（40cm以上）块石或块石比较集中的地层应更慢。因钻孔分序而异。先灌浆孔的提升速度可稍慢，后灌浆孔的提升速度相对来讲可稍快。高喷施工中发现孔内返浆液量减小时，应该放慢提升速度。

此外，还需对进浆液的量进行控制。除在制浆过程中严格控制水泥用量、保证浆液浓度外，对进水量同样要严格控制，方可保证进浆量。

（4）向外拔管。旋转喷射管被提升到设计标高顶部时，清孔的喷射灌浆即宣告完成。

（5）清洗器具。在拔出旋转喷射管时应逐节拆下，并进行冲洗，以防止浆液在管内凝结产生堵塞。一次下沉的旋转喷射管可以不必拆卸，直接在喷浆的管路中泵送清水，即可达到清洗的目的。

（6）移开钻孔。当灌浆钻孔经检查质量符合设计要求时，可将钻机移到下一个孔位。

5. 高压喷射灌浆的质量控制

（1）施工前应检查水泥、外掺剂等的质量，桩位、压力表、流量表的精度和灵敏度，高压喷射设备的性能等。

（2）施工中应检查施工参数（压力、水泥浆量、提升速度旋转速度等）及施工程序。

（3）施工结束后，应检验桩体强度、平均桩径、桩身位置、桩体质量及承载力等。桩体质量及承载力检验应在施工结束后 28 d 内进行。

6. 高压喷射灌浆的注意事项

（1）为保证高喷防渗墙的连续性，各孔的凝结体在有效范围内牢固可靠地连接上，为此如何选用结构布置形式和孔与孔的距离很重要。

（2）高压喷射形成的凝结体的形状与喷射的形式有关喷射形式一般有旋转喷射、摆动喷射和定向喷射三种。喷射时如果边提升、边旋转，则凝结体的形状为圆柱体；如果边提升，边摆动，则形成的凝结体形状为哑铃状；如果只提升和定向喷射，则可形成板状。

（3）防渗工程中，孔距的选择至关重要，它不仅关系到凝结土体是否可靠地连接，而且影响工程的进度、造价。孔距应根据地层的地质条件，对防渗性能的要求、高压喷射灌浆的施工方法和工艺、结构形式，孔深及其他因素综合考虑确定。

（4）应控制好掘进速度和灌浆压力、提升速度，送气量的大小。应使浆液成沸腾状。灌浆阶段浆液不能发生离析和不允许发生断浆现象，保证墙体均匀，无夹心层，若发生管道堵塞或因故暂停机，应迅速抢修。

7. 高压喷射灌浆的质量问题

工程实践证明，在高压喷射灌浆施工中易出现的质量问题主要是冒浆和收缩。应针对出现的质量问题，检查其发生的原因，采取可靠的技术措施加以解决。

（1）冒浆

在高压喷射灌浆施工过程中，往往有一定数量的土颗粒，随着一部分浆液沿着灌浆管管壁日出地面。通过对冒浆质量问题的观察，可以及时了解地层情况，判断高压喷射灌浆的大致效果和确定施工技术参数的合理性等。根据工程实践经验，冒浆（内有土粒、水及浆液）量小于灌浆量的20%为正常情况，当超过20%或者完全不冒浆时，应尽快查明原因，及时采取相应的措施。

灌浆流量不变而压力突然下降时，应仔细检查各部位有无泄漏情况，必要时出拔出灌浆管，检查其密封情况。

当出现不冒浆或断续冒浆时，如果是土质松散，则视为正常现象，可适当进行重复喷射。如果是附近有孔洞通道，则应提升灌浆管子继续灌浆直至冒浆；或拔出灌浆管待浆液凝固后再重新灌浆，直到冒浆，也可采用速凝剂，使浆液在灌浆管附近凝固。

出现冒浆液量过大的原因，一般是有效喷射范围与灌浆液量不相适应，灌浆液量大大超过旋转喷射固结所需的浆液量。在这种情况下应查明地质情况，调整灌浆工艺参数。

（2）收缩

当采用纯水泥浆进行灌浆时，在浆液与土粒搅拌混合后的凝固过程中，由于浆液析出水作用，一般都会出现不同程度的收缩，造成在固结体的顶部出现一个凹穴，凹穴的深度因地层性质、浆液的析出性、固结体的直径和全长等因素而各有不同。

工程实践证明，喷射10 m长固结体一般凹穴深度为0.3~1.0 m，单管法的凹穴深度最小，为0.1~0.3 m，两管法次之，三管法最大。这种凹穴现象，对于地基加固或防渗堵水是极为不利的，必须采取有效措施予以消除。

为了防止因浆液凝固收缩产生凹穴，使已加周地基与水闸基础出现接触不密实或脱空等情况，应采取超高压旋转喷射，或采取二次灌浆措施。

二、地基纠偏措施

水闸沉降量过大或不均匀沉降导致闸室倾斜底板断裂等，都将严重影响水闸的安全运用。在水闸除险加固中，若能进行纠偏处理，既可以保证水闸的安全运行，又可以节约大量的建设资金。各类工程的纠偏技术应用很多，但水闸有其自身的特点。

国内外有关资料表明，纠偏技术在水闸闸室段或涵洞段中虽然已有应用，但总体上应用较少且比较谨慎。目前，在水闸纠偏中应用较多的是锚杆静压桩，这种方法主要用水闸翼墙的纠偏加固。当闸室采用这种方法纠偏时，因需要在闸底板上钻孔破坏结构，设计单位应综合研究各方面因素，在确保水闸结构安全的情况下，也可以使用。

利用锚杆静压桩法纠偏是在基础混凝土上钻孔，并在钻孔周围混凝土上种植锚杆，通过锚杆提供的反力将预制混凝土桩或钢管桩，从基础预先的开孔洞中压入地基，并将翼墙顶升至同一高程的一种纠偏技术。在进行纠偏的过程中，顶升应结合灌浆施工同时进行，以提高顶升后闸室地基的抗渗能力。锚杆静压桩适用于淤泥、淤泥质土、黏性土、粉土和人工填土等地基土上的纠偏。

（一）锚杆静压桩的施工工艺

锚杆静压桩法的施工工序为：定位＋开凿压桃孔和钻取锚固孔＋种植锚杆＋压桩装置安装→压桩＋顶升→封桩。

1. 定位和钻孔

根据纠偏的设计要求，在水闸基础混凝土上钻静压桩孔和锚杆锚固孔。静压桩孔径应比静压桩的直径大 10~20 mm。

2. 种植锚杆

采用种植钢筋技术将锚杆种植在水闸基础混凝土中。当基础混凝土厚度不足时，应钻通基础混凝土，并将锚杆通过机械装置固定在混凝土中，并验算其连接强度。

3. 压桩装置安装和压桩

将锚杆通过法兰连接起来作为千斤顶的反力点。将预制混凝土桩或钢管桩放入基础混凝土孔中，利用千斤顶将预制混凝土桩或钢管桩逐节压入地基土中。预制混凝土桩、钢管桩各节之间应采用有效的连接方式，一般预制混凝土桩通过预留钢筋插接，或在混凝土桩端部预埋钢套环连接时将钢套环焊接；钢管桩可以直接进行焊接。压桩时应逐桩依次压入，当压至设计承载力时即可停止。

4. 顶升

所有的静压桩桩体达到设计承载力后，根据测量结果确定各桩的顶升量，同时将各静压桩体加以顶升，使水闸翼墙沉降较大的一侧整体顶升，在达到设计高程后停止。

5. 封桩

将锚杆和静压桩连接在一起后，切除锚杆和静压桩露在基础混凝土以上的部分，最后用混凝土将基础上的孔洞填平。顶升作业完成后应及时进行灌浆处理，充填并密实由于顶升而引起的空隙，防止出现渗漏。

（二）锚杆静压桩施工准备工作

1. 认真清理施工工作面。

2. 制作锚杆螺栓和桩节。

3. 种植反力锚杆，制作压桩架。

4. 开凿压桩孔并清理干净。

5. 准备、检查顶升的机械系统和观测系统。

（三）锚杆静压桩法的施工要点

1.压桩架应保持竖直状态，锚杆螺帽或锚具应均衡紧固，压桩过程中应及时拧紧松动的螺帽。

2.就位后的桩节应保持竖直，使千斤顶、桩节及压桩孔轴线重合，不得出现偏心加压。压桃时应垫上钢板套上钢桃帽后再进行加压。桩位平面的偏差不得超过 ±20 mm，桩节垂直度偏差不得大于1%的桩节长度。

3.整根的静压桩桩体必须一次持续加压到设计承载力，如果必须中途停止压桩，则停止压桩的间隔时间不得过长。

4.在进行焊接桩之前，应对准上、下节桩的垂直轴线，清除焊接面上的铁锈后进行满焊。

5.封桩可分为两种情况：封桩时桩体承受上部结构荷载；封桩时桩体不承受上部结构荷载。对于第一种情况，应在千斤顶不卸载的条件下，将桩体和基础混凝土连接牢固。对于钢管桩一般是将钢管和锚杆通过钢垫块焊接固定，切除钢管桩和锚杆高出基础部分，在钢管内充填混凝土，最后安装封桩钢板并用混凝土封填；对于混凝土桩，应将最后一节换为钢管桩，以便进行封桩。对于第二种情况，应先卸去荷载，然后参考第一种情况进行封桩或采取其他方法。

第三节　水闸混凝土结构补强修复技术

水闸混凝土长期处于河流的水流环境中，遭受水流的冲刷、砂石的磨损、气温的变化、冰凌的撞击、漂浮物损伤、人为的破坏和各种不利因素的影响，必然对水闸混凝土产生损坏。为了使水闸保持原有的设计功能，必须对损坏的混凝土结构进行补强修复。

一、混凝土渗漏修复技术

在水闸混凝土结构中，出现混凝土裂缝的原因很多，常见的有建筑结构的设计不合理造成的裂缝，基础建设处理不善造成的裂缝，建筑结构较为复杂、分块分缝太长造成的裂缝，混凝土因温度变化而出现的裂缝，施工工艺把控不当造成的裂缝，建筑投运期间因荷载超载而造成的裂缝，还有因材料选择不当或者是施工养护技术不到位而造成的裂缝。

水闸混凝土结构防渗，可分为迎水面处理和背水面处理两种。一般来说，迎水面的防渗处理可以较好地从源头封闭渗漏通道，这样既可以直接阻止渗漏，又有利于水闸本身的稳定，是防治水闸渗漏的首选办法，在条件允许情况下应尽可能采用这种方法。但由于水闸（特别是涵洞式水闸）的特殊性，这种方法运用的局限性比较大，一般仅针对新建工程中由于施工不当而引起的混凝土裂缝，或在允许开挖的涵洞式水闸的处理上采用。而对于大多数渗漏处理工程，一般面临的都是背水面防水处理，在这种情况下，对防水材料和施工工艺的选择提出了较高的要求。

根据水闸混凝土结构渗漏病害的特点，混凝土渗漏修复方法可分为表面粘贴法，表面嵌填法、化学灌浆法和表面喷涂法。在实际工程中对混凝土结构裂缝进行渗漏修复，一般采用上述的一种或多种方法。

（一）表面粘贴法

表面粘贴法是最简单和最普遍的裂缝修补方法。它主要用于修补对结构影响不大的静止裂缝，通过密封裂缝来防止水汽、化学物质和二氧化碳的侵入。这种方法就是在混凝土的表面粘贴片状防水材料来防止渗透，适用于混凝土表面大面积龟裂等缺陷的修复。一般采用橡胶防水卷材或其他片状纤维防水材料，要求黏合剂能够在潮湿或有明水的界面上快速黏结固化。

表面粘贴法的施工工序为：施工准备＋基面处理＋涂刷底胶＋卷材粘贴＋面层处理＋质量检查。

1. 施工准备

在正式进行粘贴施工前，应根据现场情况制订合理混凝土裂缝修复方案，准备好施工材料、人员及相关机械设备。

2. 基面处理

基面处理的质量如何，决定粘贴材料与混凝土的黏结能力，根据基面情况可采用钢丝刷或角向磨光机打磨，将混凝土基面表层的附着物、松动混凝土清除，并用高压水枪冲洗干净，尽量不要有明水。

3. 涂刷底胶

基层处理合格后，将配制好的胶粘剂均匀地涂抹在基层表面，其厚度为 1~2 mm，待表面干燥后，方可进行卷材粘贴工序。

4. 卷材粘贴

涂抹的底胶表面干燥后，在底胶上再均匀涂刷一层面胶，然后将卷材平铺在粘贴面上，用滚筒或手将卷材压紧，不得有褶皱、起皮和空鼓情况。

5. 面层处理

卷材粘贴完毕后，应进行质量检查，经检查质量合格，在面层上设置一层其他材料进行修饰和保护。

6. 质量检查

卷材粘贴的表面应平整，不得有气泡和水泡等质量缺陷，必要时应对卷材的黏结强度进行现场检测。

（二）表面嵌填法

表面嵌填法是指沿裂缝凿槽，并在槽中嵌填止水密封材料，封闭已经出现的裂缝，以达到防渗效果，补强的目的。对于无渗漏的混凝土结构裂缝，一般可采用聚合物砂浆、环氧树脂砂浆，弹性的环氧砂浆或聚氨酯砂浆等强度较高的材料嵌填；而对于有渗漏的混凝土结构裂缝，一般在填入遇水膨胀止水条后，再用聚合物砂浆、环氧树脂砂浆嵌填。弹性的环氧砂浆或聚氨酯砂浆等进行封闭。

表面嵌填法的施工工序为：施工准备＋裂缝开槽＋槽面清理＋材料嵌填＋缝隙封闭。表面嵌填法施工示意。

1. 施工准备

在正式施工前，应根据选择的混凝土裂缝修复方案，提前准备好施工材料、人员及相关机械设备，并清除裂缝两侧 20 em 范围内混凝土表面的附着物。

2. 裂缝开槽

沿着混凝土裂缝开 V 形槽，宽度为 3~5cm，槽深度为 2~5 cm。开槽时应清除松动的混凝土，开槽长度应超过裂缝长度至少 15 cm。

3. 槽面清理

开槽完成后，应采用高压水枪冲洗清理情面，除去混凝土表面的灰渣。用以水泥为主要原料嵌填的材料修补，修补前还应进行界面处理。

4. 材料嵌填

对于已清理好的槽面，按照选定的方案嵌填止水材料。采用聚合物砂浆、环氧树脂砂浆、弹性的环氧砂浆或聚氨酯砂浆等材料的可直接嵌填；采用遇水膨胀止水条的，应首先嵌填止水条，再嵌填其他材料。

5. 缝隙封闭

采用聚合物砂浆环氧树脂砂浆，弹性的环氧砂浆或聚氨酯砂浆等材料的，在嵌填后即可将表面抹平封闭；采用遇水膨胀止水条的，应首先嵌填止水条，其次用其他材料平整封闭。由温度应力引起的混凝土裂缝，在加固设计中允许其开合的，应采用遇水膨胀止水条进行嵌填，并在面层嵌填的材料上切缝。

（三）化学灌浆法

化学灌浆法是指将高分子化合物的浆液通过一定的压力灌入混凝土裂缝中的一种技术措施，可以实现封闭混凝土裂缝、增加结构整体性、防止出现渗透等目的。目前，在实际工程中采用的化学灌浆材料主要为环氧树脂类、聚氨酯、丙烯酸等，以及由上述材料复合或改性的其他灌浆材料。一般应根据裂缝部位、深度、是否存在渗漏及材料的相关性能，选择合理的修复方案，根据孔隙的大小和浆液的可灌性综合选择灌浆材料。

化学灌浆的特点是：可灌性好、渗透力强；充填密实，防水性好；浆材固结后强度高，且固化时间可以任意调节；能够保证灌浆操作顺利进行。

1. 施工准备

在正式施工前，应根据选择的混凝土裂缝修复方案，提前准备好施工材料、人员及相关机械设备，并清除永久缝两侧 20 cm 范围内混凝土表面的附着物。

2. 裂缝开槽

沿着混凝土裂缝开 V 形槽，槽宽度为 3~5cm，槽深度为 2~5 cm。开槽时应清除松动的混凝土，开槽长度应超过裂缝长度至少 15 cm。

3. 钻灌浆孔

灌浆孔可分骑缝孔和斜向孔两种。骑缝孔是在裂缝表面进行钻孔，孔深度为 5~10cm；斜向孔是在裂缝的两侧钻孔，孔从裂缝深处穿过缝面。倾角根据裂缝的宽度和深度而确定。

灌浆孔的布设应根据裂缝宽度和深度，以及涨浆材料的可靠性综合考虑确定。骑缝孔的间距为 0.2~0.5 m；斜向孔设置单排或多排，间距一般不应大于 1.0 m。

4. 槽面和钻孔面清理

此工序同表面嵌填法中的槽面清理工序。

5. 埋设灌浆嘴、孔口封闭

在灌浆孔孔口部位埋设灌浆嘴。灌浆嘴应采用裂缝封闭材料埋设，一般可采用环氧砂浆，也可用专用止回阀，或者使用直径合适的橡胶软管。

6. 清理缝隙面

根据灌浆材料性质不同，选择用水或丙酮等有机溶剂对槽面、孔口面进行清理。槽面和孔面上的灰渣也可采用高压空气吹净。

裂缝面也应通过压力水或丙酮等有机溶剂清洗，压力控制在灌浆压力的 80% 以内，一般不超过 0.5MPa。

需要注意的是，在清理裂缝面时需要对骑缝孔和斜向孔封闭并埋设灌浆嘴，此时不应封闭 V 形槽，以便于冲洗材料和灰渣流出或挥发。

7. 进行封槽

V 形槽的封闭一般采用环氧砂浆或其他强度较高。与混凝土基材有较好黏结能力的材料。封闭时要填塞密实，并要修补到原截面。

8. 压力灌浆

压力灌浆设备采用自制空气压力灌浆设备，也可采用压力灌浆泵。根据浆液凝固时间和组分不同，可采用单浆液灌浆法和双浆液灌浆法。所谓单浆液灌浆法，就是将配方中所规定的各组分，按要求放置在一个容器里，充分混合成一种液体，然后用一台灌浆泵体进行灌注；所谓双浆液灌浆法，就是将浆液分为 A、B 两个组分，各组分单独存放，灌注时将 A、B 组分浆液混合均匀，然后由一台灌浆泵体进行灌注。

灌浆压力应控制在 0.1~0.3 MPa，当缝隙较小、灌注困难时可适当增加灌浆压力，但最大不应超过 0.5MPa。当最后一个斜向孔灌浆时，骑缝的灌浆孔已出浆或当吸浆量小于 0.01 L/min 并且维持 10 min 且无明显变化时，方可停止灌浆。

9. 质量检查

灌浆的质量检查是确保灌浆质量的关键环节，可采用压水试验法、取芯试验法和超声波法等方法。

压水试验法：是钻孔压水，通过前后混凝土吸水的变化，检查化学灌浆的质量。这种方法对灌浆质量的要求与钻孔的部位、深度有很大关系，存在一定的局限性，同时对混凝土结构的本身有损伤。

取芯试验法是用取芯机械沿着裂缝取芯样，根据取出混凝土芯的完整程度判断灌浆的质量。所取芯样的直径一般为 10~15 cm。取芯试验法方便、直观，可通过灌浆材料对混凝土的黏结性做出真实判断，效果比较好，但不能对裂缝深处灌浆质量做出判断，具有一定的局限性，同时对混凝土结构也有损伤。

超声波法是一种无损检测方法，利用超声波在混凝土介质中传播时遇到裂缝等病害发生反射的原理，通过测量发射和接收的超声波时间差对缺陷的部位进行判断，进而判断灌浆的质量。可以对混凝土结构的完整性进行检查，其最大优点是不破坏原结构，可以对较深处裂缝灌注质量进行检查，但不能判断灌浆材料在裂缝内与混凝土的黏结性能。

10. 面层处理

化学灌浆完成后，应对修复后的结构表面进行打磨处理，切除灌浆嘴，打磨 V 形槽内填充材料的凸起，封堵压水试验和取芯留下的孔洞等。

（四）表面喷涂法

表面喷涂法是指在混凝土表面喷射或涂刷防水材料以达到防渗的目的。它主要运用于混凝土表面存在大量细小龟裂纹等较大面积缺陷的修复。在进行表面喷涂施工前，应采取相应措施封堵渗水量较大的漏水点和渗漏裂缝，防止喷涂材料在固化前被水浸泡或冲刷。表面喷涂的材料一般可分为无机材料和高分子材料两大类。

无机材料以水泥基渗透结晶型防水材料为主，将这种材料应用于缺陷混凝土的表面，可以有效地修复裂缝，起到防渗的作用。

高分子材料以合成橡胶和合成树脂为主要原料，在混凝土表面成膜具有好的防渗性能，如聚氨酯、环氧树脂防水材料、聚脲弹性体等。

根据材料性质的不同，其适用范围和施工方法也具有一定的差别，以下简单介绍在工程中常用的几种混凝土防水材料的特性及使用方法。

1. 水泥基渗透结晶型防水材料

水泥基渗透结晶型防水材料，是一种含有活性化合物的水泥基粉状防水材料，如硅酸盐水泥、硅砂和多种特殊的活性化学物质等。其工作原理是通过其中特有的活性化学物质，利用混凝土本身固有的化学特性及多孔性，以水作为载体，借助渗透的作用，在混凝土微孔及毛细管中传输、充盈，催化混凝土内的微粒和未完全水化的成分再次发生水化反应，形成不溶性的枝蔓状结晶，并与混凝土结合成为一个整体，从而使任何方向来的水及其他液体被堵塞，达到永久性的防水、防潮和保护钢筋、提高混凝土结构强度的效果。

在水的渗透作用下，这种材料可以渗透到混凝土表面 50mm 以上的深度，涂刷后结晶体生成的一个时间过程，虽然不能起到瞬间止水作用，但它属于一种智能自我修复材料，当涂刷过该材料的混凝土产生新的裂缝（裂缝宽度在 0.4 mm 以内）时，在有水存在的前提下，材料中的活性物质会继续催化混凝土内的微粒，与未完全水化的成分再次发生水化反应，形成不溶性的枝蔓状结晶，将裂缝重新堵塞，起到二次防水作用。水泥基渗透结晶型防水材料，也可以用于渗水裂缝的修复，其施工工艺可参照表面嵌填法中的相关内容。水泥基渗透结晶型防水材料的施工工序为：施工准备→基面清理→材料涂刷→养护。

施工前应制订详细的施工方案，准备施工材料、人员及相关机械设备。

基面清理主要是指清除混凝土表面寄生生物、杂草、泥土、油污等附着物，对混凝土表面的孔洞进行修补，用钢丝刷清除混凝土表面浮浆，用高压水枪冲洗；保持基面湿润但无明水。

水泥基渗透结晶型防水材料可用半硬性的尼龙刷子进行涂刷，也可用专用喷枪进行喷涂。涂层要均匀，不得有漏刷。当涂层的厚度超过 0.5 mm 时，应当分层涂刷。喷涂时喷嘴距涂层不得大于 30 cm，并尽量保持垂直于基面。

如果需要分层涂刷，应待第一层面干燥后进行。热天露天施工时，建议在早、晚或夜间进行，避免出现暴晒，防止涂层过快干燥，造成表面起皮、龟裂，影响施工效果。

涂层呈半干燥状态后，即开始用雾状水喷洒养护，养护必须用干净的水，水压力不能过大，否则会破坏涂层。一般每天需喷水 3~4 次，连续 2~3d，在高温或干燥天气下要多喷几次，防止涂层过早干燥。

在涂层施工 48 h 内，应防止雨淋，沙尘暴、霜冻、暴晒、污水及 4℃ 以下的低温。在空气流通很差的情况下（如封闭的涵洞），需要用风扇或鼓风机帮助养护。露天施工时要用湿草袋进行覆盖，以保持湿润状态，但要避免涂层积水，如果使用塑料薄膜作为保护层，必须注意架开，以保证涂层的通风。

2. 聚脲弹性体防水材料

聚脲弹性体技术自 20 世纪 80 年代发明后，成为一种新型无溶剂、无污染的绿色环保技术，广泛应用于防腐蚀、防水涂层以及封堵等技术领域。聚脲树脂是一种聚氨酯树脂的新型高分子材料，聚醚树脂中多元醇含量达到 80% 或以上时，称为聚氨酯。在这个参数之间的涂料体系称为聚氨酯/聚脲混合体系。

聚脲弹性体技术是在聚氨酯反应注射成型技术的基础上发展起来的，它结合了聚脲树脂的反应特性和反应注射成型技术的快速混合、快速成型的特点，可以对各类大面积复杂表面的涂层进行处理。

聚脲弹性体施工采用专用喷涂设备，由主机和喷枪组成。使用时将主机配置的两支抽料泵分别插入 A、B 原料的桶中，借助主机产生的高压将原料推入喷枪混合室，经混合、雾化后喷出。在常温情况下，混合料喷出 5~10s 固化，一次喷涂的厚度约为 2 mm。聚脲弹性体的施工工序为：施工准备→基面清理→底胶涂刷→聚脲弹性体喷涂＋密封胶施工。

施工准备。施工前应制订详细的施工方案，准备施工材料、人员及相关机械设备。

基面清理。基面应达到坚实、完整、清洁、无尘土、无疏松结构的要求。混凝土表面的水泥浮浆、油脂等应用钢丝刷凿锤、喷砂等方法清除干净，裂缝、孔洞应事先修补好。然后检查找平度和干燥度，彻底清除基面灰尘，保证防水层良好附着，喷涂聚脲涂层必须在相对干燥的接口上，才能有很好的黏结力。

底胶涂刷。在处理后干燥、清洁的基面上，均匀地涂抹一层配套底漆，聚脲涂层的喷涂应在底漆施工后 24~48 h 内进行，如果间隔超过 48 h，在喷涂聚脲涂层前一天应重新涂抹一道底漆，然后进行聚脲涂层的喷涂。在喷涂之前，应用干燥的高压空气清除表面的浮尘。

喷涂前应认真检查原料质量。在打开原料包装时，应注意不能让杂物落入原料桶中，原料应为均匀、无凝胶、无杂质的可流动性液体，如发现原料有杂质、凝胶、结块现象应立即停止使用。B 部分原料添加有颜料和助剂，使用前可能会有沉淀现象，喷涂前应充分搅拌，搅拌时应注意搅拌器不能碰触桶壁，防止出现碎屑堵塞喷枪。喷涂时 B 部分应同步搅拌，防止喷涂过程中产生沉淀，可采用搅拌器具每隔 5 min 对 B 部分进行搅拌一次。

密封胶施工。在喷涂完全后 24 h 内应及时进行密封胶施工，采用密封胶将聚脲弹性体边缘与基材连接处进行封闭。

在聚脲弹性体施工过程中，严禁使用包装破损的原料，对于开启包装的原料，如果施工中较长时间不使用，应在包装内充氮气加以保护。施工完毕后应对原料泵、喷枪等机具进行清洗，清洗可采用二氧甲烷等强有机溶剂。

喷涂时两种物料的混合压力应基本相近，一般要求压力差小于 2.0 MPa。聚脲弹性体施工时，基面应无明水，喷涂前应对渗水点和渗水裂缝进行修复，否则容易在聚脲材料表面形成水泡，影响聚脲弹性体与混凝土基材的黏结。

聚脲弹性体技术的关键之一，在于选择合适的施工设备，并能正确地安装、调试、维护、保养，以及通过试验选择适当的操作参数。此类设备设计比较精密，作为设备使用和管理的人员，必须具备化工原理、聚氨酯基础、电路电器、液压原理等综合知识。作为高性能材料的聚脲弹性体，对混合精度要求非常高，目前工程施工中所用的聚氨酯泡沫喷涂机，其混合精度远不能达到喷涂质量的要求，应引起足够的重视，注意选择当今比较先进的喷涂机械。

二、增大截面加固技术

增大截面加固技术，也称为外包混凝土加固技术，它能够增大构件的截面和配筋，用以提高构件的强度、刚度、稳定性和抗裂性，也可用来修补裂缝等。这种加固技术适用范围较广，可加固板梁、柱、基础等。根据构件的受力特点和加固目的的要求、构件几何尺寸、施工方便等的需要，可设计为单侧、双侧或三侧的加固，以及四侧包裹的加固。

根据不同的加固目的和要求，此技术又可分为以加大断面为主的加固和以加配筋为主的加固，或者两者兼备的加固。加配筋为主的加固，是为了保证配筋的正常工作，按钢筋的间距和保护层等构造要求适当增大截面尺寸。加固中应将钢筋加以焊接，做好新旧混凝土的结合。

水闸增大截面加固技术，是指通过增加结构构件（构筑物）的有效截面面积，以提高其承载力的补强技术。这种技术不仅可以提高被加固构件的承载力，而且可以加大其截面刚度，改变其自振频率，使正常使用阶段得到改善和提高。

增大截面加固技术具有原理简单、应用经验丰富受力明确可靠、加固费用低廉等优点；但同时也有一些缺点，如湿作业工作量大，养护周期较长，增加结构自重，占用建筑空间较多，使其应用受到一定限制。

（一）增大截面加固法的基本原则

采用增大截面加固受弯构件时，应根据原结构构造的要求和受力情况，选用在受压区或受拉区内增加截面尺寸的方法加固。如果验算结果表明，仅需增设混凝土叠合层即可满足承载力要求，也应按照构造要求配置受压钢筋和分布钢筋。在受拉区内加固矩形截面受弯构件时，考虑新增受拉钢筋的作用，并对新增钢筋的强度进行折减。

采用增大截面加固钢筋混凝土轴心受压构件时，应综合考虑新增混凝土和钢筋强度的利用程度，并对其进行修正。采用增大截面加固法时，要求按现场检测结果确定原构件混凝土强度等级：受弯构件不低于 C20，受压构件不低于 C15，预应力构件不低于 C30。应用这种方法时要保证新旧混凝土界面的黏结质量，只有当界面黏结质量符合规范要求时，才可考虑新加混凝土与原有混凝土的协同工作，按整体截面进行计算。

（二）增大截面加固构件注意事项

增大截面加固法在设计构造方面，必须解决好新增加部分与原有部分共同受力的问题。试验研究表明，加固结构在受力过程中，结合面会出现拉、压、弯、剪等各种复杂应力，其中关键是拉力和剪力。在弹性阶段，结合面的剪应力和法向应力主要依靠结合面两边新旧混凝土的黏结强度承担，在开裂及极限状态下，主要是通过贯穿结合面的锚固钢筋或锚固螺栓所产生的被动剪切摩擦力传递。

结合面是加固结构受力时的薄弱环节，结合面混凝土的黏结抗剪强度及法向黏结抗拉强度远远低于混凝土本身强度，轴心受压破坏也总是首先发生在结合面处。因此，结合面必须进行细致处理，涂刷界面剂，必要时在设计构造上对结合面配置足够的贯穿结合面的剪切摩擦筋或锚固件，将新旧混凝土两部分连接起来，以确保结合面能够有效地进行传力，使新旧两部分能整体工作。

（三）增大截面加固法的施工工艺

增大截面加固法的施工工序为：施工准备→混凝土基面清理＋结合面处理＋钢筋种植、钢筋网绑扎＋支模、混凝土浇筑＋养护。

1. 施工准备

施工前应制订详细的施工方案，准备施工材料、人员及相关机械设备。

2. 混凝土基面清理

把构件表面的抹灰层铲除，对混凝土表面存在的缺陷清理到密实部位，并将表面进行凿毛处理，要求打成麻坑或沟槽，坑或沟槽的深度不宜小于 6 mm，每 100 mm × 10 mm 的面积内不宜少于 5 个；沟槽间距不宜大于箍筋间距或 200 mm，采用三面或四面外包法加固梁或柱子时，应将其棱角打掉。清除混凝土表面的浮块、碎渣、粉末，并用压力水冲洗干净，如其表面凹处有积水，应用麻布吸除。

3. 结合面处理

为了加强新旧混凝土的整体结合效果，在浇筑混凝土时，在原有混凝土结合面上先涂刷一层黏结性能的界面剂。界面剂的种类很多，掺有建筑胶水的水泥浆、环氧树脂胶、乳胶水泥浆及各种混凝土界面剂等。

4. 钢筋种植、钢筋网绑扎

为了提高新旧混凝土黏结强度、增强结合面上的抗剪切能力，可采用植筋的技术在混凝土结合面上种植短钢筋。钢筋的直径和数量根据新旧混凝土结合面的抗剪切要求确定。

新增钢筋和原有构件受力钢筋之间通过焊接连接时，应凿除混凝土的保护层并至少裸露出钢筋截面的一半，对原有和新加受力钢筋都必须进行除锈处理，在受力钢筋上进行焊接前，应采取卸荷载或临时支撑措施。为了减小焊接造成的附加应力，进行焊接时应逐根分区、分段、分层和从中部向两端进行焊接，焊缝要饱满，尽可能减少或避免对受力钢筋的损伤。对于原有受力钢筋在焊接中由于电焊过烧可能产生的对其截面面积的削弱，计算时宜考虑一定的折减。

5. 支模、混凝土浇筑

混凝土中粗骨料宜采用坚硬卵石或碎石，其最大粒径不宜超过 20 mm，对于厚度小于 100mm 的混凝土，宜采用细石混凝土。为了提高新浇筑混凝土的强度，并有利于新旧结合面的混凝土黏结，应选择黏结性能好、收缩性小的混凝土材料。

由于构件的加固层厚度都不大，加固钢筋也比较稠密，如果采用一般支模、机械振捣浇筑混凝土都会带来困难，也很难保证加固的质量，因此要求施工要严格，振捣要密实，必要时配以喇叭浇捣口，使用膨胀水泥等。在可能的条件下，还可采用喷射混凝土浇筑工艺，这样施工简便、保证质量，同时能提高混凝土强度和新旧混凝土的黏结强度。

6. 养护

后浇筑混凝土凝固收缩时，易造成界面开裂或板面后浇筑层龟裂，因此在浇筑加固混凝土 12 h 内就需要开始洒水养护，在常温情况下，养护期一般为 14 d，然后要用两层麻袋覆盖，定时进行洒水。

（四）增大截面加固法的施工要求

1. 原有构件混凝土表面处理：把构件表面的抹灰层铲除，对混凝土表面存在的缺陷，一定清理至密实部位，并将表面凿毛，要求打成麻坑或沟槽，坑和槽深度不宜小于 6mm，麻坑每 100mm × 100mm 的面积内不宜少于 5 个；沟槽间距不宜大于箍筋间距或 200mm，采用三面或四面外包法加固梁和柱时，应将其棱角打掉。

2. 清除混凝土表面的浮块、碎渣、粉末，并用压力水冲洗干净，如构件表面凹处有积水，应用麻布吸除。

3. 为了加强新旧混凝土的整体结合，在浇筑混凝土前，在原有混凝土结合面上先涂刷一层高黏结性能的界面结合剂。

4. 加固钢筋和原有构件受力钢筋之间采用连接短钢筋焊接时，应凿除混凝土的保护层并至少裸露出钢筋截面的一半，对原有和新加受力钢筋都必须进行除锈处理，在受力钢筋上施焊前应采取卸荷或临时支撑措施。

5. 为了减小焊接造成的附加应力，在进行焊接时应逐根分区，分段、分层和从中间向两端进行焊接，焊缝要饱满，尽可能减少或避免对受力钢筋的损伤，应由有相当专业经验的技工来操作。

6. 混凝土中粗骨料宜用坚硬卵石或碎石，其最大粒径不宜大于 20 mm，对于厚度小于 100mm 的混凝土，宜采用细石混凝土。

7. 由于原结构混凝土收缩已完成，后浇混凝土凝固收缩时，易造成界面开裂或板面后浇筑层的龟裂，因此在浇筑加固混凝土 12 h 内就开始洒水养护，养护期不宜小于 14 d。

三、置换混凝土加固技术

置换混凝土加固技术是将原混凝土结构、构件中的破损混凝土凿除，并用强度等级高一级的混凝土浇灌置换，使新旧两部分混凝土黏结成一体共同工作。置换混凝土加固法适用于承重构件受压区混凝土强度偏低，或有严重缺陷的局部加固，不仅可用于新建工程混凝土质量不合格的返工处理，而且可用于已有混凝土承重结构受腐蚀、冻害、火灾烧损，以及地震、强风和人为破坏后的修复。

工程实践证明，置换混凝土加固法在工程结构加固技术中，主要用于混凝土强度等级偏低的混凝土结构。特别是当对于混凝土强度等级低于 C10 的混凝土结构进行加固时，采用其他的加固方法已很难实施，而该项技术却能从根本上解决承重构件受压区混凝土强度偏低的问题。

置换混凝土加固法能否在承重结构中得到应用，关键在于新旧混凝土结合面的处理效果是否能达到可以使用协同工作假定的程度。国内外大量试验结果表明，当置换部位的结合面处理至旧混凝土露出坚实的结构层，且具有粗糙而洁净的表面时，新浇筑混凝土的水泥胶体便能在微膨胀剂的预压应力促进下渗入其中，并在水泥水化过程中黏合成为一个整体。

（一）置换混凝土加固的设计规定

1. 置换混凝土加固法主要适用于承重构件受压区混凝土强度偏低或者有严重缺陷的局部加固。

2. 采用置换混凝土加固法加固梁式构件时，应对原构件加以有效的支顶。当采用置换混凝土加固法加固柱、墙等构件时，应对原结构、构件在施工全过程中的承载状态进行验算、观测和控制，置换界面处的混凝土不应出现拉应力，如果控制有困难，应采取支顶等方法进行卸荷处理。

3. 采用置换混凝土加固法加固梁式构件时，非置换部分原构件混凝土强度等级，按现场检测结果不应低于该混凝土结构建造时规定的强度等级。

（二）置换混凝土加固构造规定

1. 为确保置换混凝土加固的效果，置换用混凝土的强度等级应比原构件混凝土的强度等级提高一级，且不能低于 C25。

2. 混凝土的置换深度不宜太小，混凝土板不应小于 40 mm；梁、柱子采用人工浇筑时，不应小于 60mm；采用喷射法施工时，不应小于 50mm。置换长度应通过混凝土强度和缺陷的检测及验算结果确定，但对非全长置换的情况，其两端应分别延伸不小于 100mm 的长度。

3. 置换部分应位于构件截面受压区内，且应根据受力方向，将有缺陷的混凝土剔除；剔除位置应在沿构件整个宽度的一侧或对称的两侧；不得仅剔除截面的一隅。

4. 为了防止结合面在受力时出现破坏，对于重要结构或置换混凝土量较大时，应在结合面上种植贯穿结合面的拉结钢筋或螺栓，以增加被动剪切摩擦力的传递。

（三）置换混凝土加固施工工艺

采用置换混凝土加固法的施工工序为：施工准备→缺陷混凝土凿除→结合面处理 + 种植钢筋 + 支模、混凝土浇筑 + 混凝土养护 + 质量检验。

1. 施工准备

施工前应制订详细的施工方案，准备施工材料、人员及相关机械设备。

2. 缺陷混凝土凿除

将原结构混凝土缺陷部分凿除到密实混凝土，凿除时应进行卸载，并设置必要的支撑，混凝土凿除长度应按混凝土强度和缺陷的检测及验算结果确定，对非全长置换的情况，两端应分别延伸不小于 100 mm。

3. 结合面处理

为了加强新旧混凝土的整体联结，浇筑混凝土前，在原有混凝土结合面上先涂刷一层具有较高黏结性能的界面剂。界面剂在涂刷之前，应采用高压水冲洗干净，并擦干净界面处的积水。

4. 种植钢筋

为了提高新旧混凝土的黏结强度、增强结合面的抗剪切能力，可采用种植钢筋技术在混凝土结合面上种植短钢筋。钢筋的直径和数量根据新旧混凝土结合面的抗剪切需求确定。

四、外加预应力加固技术

外加预应力加固法是通过对钢筋混凝土梁、板、柱或桁架构件，在反向应力应变方向施加应力荷载，以抵消或降低构件内部由已承担荷载产生的应力变化，增强构件承载力的一种加固方法。外加预应力加固法适用于原构件截面偏小或需要增加其使用荷载；处于高应力、应变状态，且难以直接卸除其结构上的荷载或需要改善其使用性能的梁、板、柱或桁架等构件的加固。

外加预应力加固的方法很多，一般可采用预应力索、预应力钢筋、预应力拉杆、预应力撑杆、预应力锚杆等。加固时应根据加固构件和受力性质、构造特点和现场条件，选择合适的预应力方法。外加预应力加固法主要适用于不能较大增加原构件的截面，同时要较大提高原结构承载力的构件加固。

在水闸加固中，对于一些特殊构件（如闸墩等）可以采用绕丝法进行加固。绕丝法加固是外加预应力加固法的一种，这种方法重点是提高混凝土构件的延性和变形性能。绕丝法加固的优点是构件加固后增加自重较少，外形截面尺寸变化不大，对构件所处环境空间要求不高；其缺点是对矩形截面混凝土构件承载力的提高不显著，因此在某种意义上限制了该法的应用范围。

（一）外加预应力加固的基本原则

1. 极限状态下抗弯承载力的计算

在极限状态下，加固梁为预应力筋梁破坏，受拉区内的混凝土退出工作，全部拉力由原结构中预应力钢筋或普通钢筋与体外钢索共同承担。加固后的梁正截面变形仍然符合平面截面假设。受压区混凝土应力分布根据矩形应力图考虑，其应力大小取为混凝土抗压强度设计值。原梁中预应力筋或普通钢筋应力分别达到其抗拉强度设计值。体外钢索在极限状态下达到其极限应力。

2. 极限状态下斜截面抗剪切承载力的计算

在极限状态下，加固后的梁仍须为剪切破坏。与斜裂缝相交的原梁箍筋、斜向钢筋或者弯起的预应力筋的应力，均可按其抗拉强度设计值计算，体外钢索斜筋或体外钢索弯起部分也可根据其抗拉强度设计值计算。

3. 转向器对外加预应力合力的分配

在正常使用阶段，水平剪力即体外钢索对转向器合力的水平分力由混凝土和箍筋共同承担；在极限状态下，当混凝土转向器开裂后，水平剪力主要由箍筋承担。达到极限状态时，混凝土转向器受到的拔出力，即体外钢索对转向器合力的竖向分力由箍筋承担。目前，绕丝加固法尚未写进规范的条文中，因此设计时应从力学角度进行分析计算，或者借鉴可靠的工程经验。绕丝加固法之所以能起到加固作用，一方面是预应力钢丝缠绕后产生预压应力，另一方面是当内压力升起后还产生一定背压，从而可提高被加固构件的承载力。

4. 外加预应力加固闸的基本要求

采用预应力锚索或锚杆加固闸墩时，应综合考虑各种荷载组合和所控制的工况，对闸墩进行应力分析。混凝土支撑结构的强度及变形应满足结构及运行的要求。闸墩采用预应力锚索或锚杆进行加固时，应对闸墩进行应力分析，锚固区混凝土强度不得低于 C30，锚固块的混凝土强度不得低于 C40。当闸室或者挡墙不满足稳定性要求，采用预应力锚索或锚杆加固时，应根据挡墙的用途、断面形式和可能失稳破坏的方式，经过经济技术比较，选择最优的锚固方案。锚索或锚杆数量及单根设计张拉力，应根据稳定性分析计算的结果确定。对闸室施加的锚固力应满足闸室抗滑稳定性的要求，其安全系数应符合相应条文的规定。抗浮力不足的部分，由预应力锚索或锚杆施加于闸室法向的力来承担。挡墙承受的水压力和土压力，由预应力锚索或锚杆和挡墙自重共同承担。

（二）外加预应力加固构件应注意的问题

1. 预应力钢筋（束）可由水平筋（束）和斜筋（束）组成，也可以由通常布置的钢丝束或钢绞线组成。加固中采用的体外钢索应有防腐蚀的能力，同时应具有可更换性。预应力钢筋应在转向部位设置转向装置，转向装置可采用钢构件，现浇混凝土块体或其他可靠结构，转向装置必须和混凝土构件可靠连接，对其连接强度应进行计算。体外钢索的长度超过 10 m 时，应设置定位装置。当采用预应力法进行加固时，基材混凝土的强度等级不宜低于 C25。

2. 采用体外钢索加固梁时，锚固点的位置越高，对提高构件抗弯承载力的贡献越小。

当体外钢索采用一根钢绞线时，应注意体外钢索的弯曲半径能否满足其最小半径的需求。体外钢索张拉锚固的位置，应在不影响加固效果的情况下，充分考虑施工时的可操作性，以减小施工的难度。

3. 混凝土转向器由于受力非常复杂，布置钢筋种类繁多，钢筋的间距比较小，为了保证浇筑质量，应采用收缩性小、流动性好、强度较高的细石混凝土或采用满足浇筑要求的其他材料。为了保证转向器在转向力作用下不发生错动，转向器与原结构必须可靠连接。

4. 采用绕丝法进行加固，加固钢丝绕过构件的外倒角时，构件的截面棱角应在绕丝前打磨成圆弧面，圆弧的半径不应小于50mm，并在外倒角处增设转向设施，一般采用钢板外包的方式。

5. 预应力所用的钢筋、钢绞线等在安装前要密封包裹，防止出现锈蚀。材料如果需要长期存放，必须定期进行外观检查。在室内存放时，仓库应干燥、防潮、通风良好、无腐蚀性气体和介质。在室外存放时，时间不宜超过6个月，并且必须采取有效的防潮措施，避免预应力材料受雨水和各种腐蚀性气体产生的影响。

6. 预应力材料在切制时，应采用切断机或砂轮锯，不得采用电弧切制。预应力材料的下料长度应通过计算确定，计算时应考虑张拉设备所需的工作长度、冷拉伸长值、弹性回缩值、张拉伸长值和外露长度的影响。

7. 预应力筋的张拉应对称，均衡张拉至设计值，施加张拉力的次序应按照设计要求进行。

（三）外加预应力加固的施工工艺

外加预应力加固根据加固对象和加固方法的不同施工工艺也不完全相同。这里仅对工程中常用预应力体外钢索和预应力锚索、锚杆的施工工艺进行简单介绍。

1. 预应力体外钢索的施工

预应力体外钢索主要针对跨度较大的梁板构件进行加固，也可以对体积较大的构件绕丝加固。其加固的施工工序为：施工准备 + 结合面处理固端、转向器浇筑或制作安装→体外钢索制作安装 + 张拉端预埋件安装→预应力张拉 + 最终封锚。另外，在预应力张拉过程中应加强施工监控，以确保张拉效果满足设计需求。

施工前应制订详细的施工方案，准备施工材料、人员及相关机械设备。

锚固端和转向器可采用钢制构件或现浇混凝土构件，锚固端和转向器与混凝土结构连接处结合面应打磨进行粗糙化处理，并清除粗糙化表面灰渣。

当采用混凝土构件时，应在结合面上种植连接钢筋，混凝土的强度等级不小于C40。

锚固端和转向器安装完成后，将体外钢索裁剪成适当长度。根据工程的具体情况，可采用逐根穿束或集束穿束方式。逐根穿束是将预埋管道内的预应力筋逐根穿入；集束穿束是将预应力筋先绑扎成束后，再一次性穿入设计孔道内。在集束穿束前宜将预应力筋端部用胶布包扎，以减小摩擦力便于安装。当采用人工穿入有困难时可采用牵引机协助穿束。

张拉端部有外凸和内凹两种形式。张拉端预埋位置应符合设计要求，预应力筋应与锚板保持垂直状态。采用外凸式张拉端部时，应将锚垫板紧靠构件端部固定；采用内凹式张拉端部时，将锚垫板固定在离端部约 90mm 处，调整锚垫板周围的钢筋以确保张拉时千斤顶有足够的张拉空间。采用分段搭接张拉时，张拉端部的预埋安装，在铺垫板等预埋件满足设计要求的情况下，预应力筋与锚垫板应保持垂直，保证张拉时千斤顶有足够的张拉空间，保证张拉完后锚具不露出构件表面。

锚固端安装完毕满足设计要求后可进行张拉。采用现浇混凝土构件，设计无具体要求时，张拉混凝土强度不应低于设计强度值的 75%。张拉控制应力满足设计要求，且不应大于钢绞线强度标准值的 75%。

预应力构件的张拉顺序，应根据结构受力特点、施工方便，操作安全等因素调整，一般分段、分部位进行张拉。张拉必须遵循对称、均匀的原则。

预应力筋的张拉方法应根据设计和施工计算要求，确定采用一端张拉或两端张拉。采用两端张拉时，宜两端同时张拉，也可一端先张拉，另一端补张拉。同一束预应力筋，应采用相应吨位的千斤顶整束张拉，直线形或扁管内平行排放的预应力筋，当各根预应力筋不受叠压时，可采用小型千斤顶逐根进行张拉。特殊预应力构件或预应力筋，应根据要求采用专门的张拉工艺，如分段张拉、分批张拉、分级张拉、分期张拉、变角张拉等。

预应力筋的张拉工序为：工作锚具安装＋千斤顶安装＋千斤顶进油张拉＋伸长数校核→持荷顶压→卸荷锚固＋进行锚固记录。

在预应力张拉施工中，质量控制以应力控制为主，测量张拉伸长值做校核。由多段弯曲线段组成的曲线束，应分段计算，然后进行叠加。张拉预应力筋的理论伸长数值与实际伸长数值的允许偏差值应控制在 +6% 以内，如超出范围，应查明原因并采取措施进行调整，方可继续张拉。

每级张拉完成后，应认真观察 1 h，确定无异常情况后，再进行第二级张拉。体外钢索张拉时，除要控制张拉力和钢索束的伸长量外，还必须对结构的主要断面的应变及整体烧度情况进行监控，边张拉边观察。

张拉完毕经检查合格后，用砂轮切割机切掉多余的预应力筋，预应力筋的外露长度不宜小于其直径的 1.5 倍，且也不宜小于 30mm。为便于在体外钢索松弛后进行第二次张拉，锚头部分可采用玻璃丝布包裹油脂的方法或其他有效方法进行保护。

张拉预应力筋中的施工监控，主要是在体外钢索张拉的过程中对构件的应力和变形情况进行控制，具体监控的内容根据施工的实际情况确定。

2. 预应力锚索、锚杆的施工

预应力锚索、锚杆适用于对水闸的闸墩、闸室或翼墙进行加固，其施工工序基本相同。其施工工序为：施工准备＋钻孔及清孔＋锚索，锚杆制作＋锚索、锚杆安装→锚固段灌浆＋锚墩浇筑＋预应力张拉＋自由段灌浆＋最终封锚。

施工前应制订详细的施工方案，准备施工材料、人员及相关机械设备。

施工时必须严格按照设计位置和方向进行钻孔，钻孔深度应大于设计孔深度约30cm。钻孔完成后，清除孔内的岩屑和其他杂质。在钻孔过程中，要及时检查钻杆的方向，防止锚筋孔洞产生倾斜。在土体中钻孔时，应采取适当措施避免出现塌孔和缩孔现象，一般可采用泥浆护壁；在成孔的过程中一般不得停顿，取岩芯或下放锚索、锚杆时，也应当不断返浆，以保持泥浆的一定比重。对特别难以成孔的地段，可采用钢套筒护壁钻进法。

锚索锚固段每隔一段距离绑扎隔离支架，锚杆锚固端焊接导向支架，支架起着对中和增大锚固的作用。锚索、锚杆的自由段，也要安装隔离支架和对中支架，一次灌浆管从隔离支架和对中支架的中心穿过，其端部距导向帽长度一般约30 cm。

锚索、锚杆绑扎焊接完成后，将锚索或锚杆连同灌浆管一同下到孔中，遇阻力活动锚杆并转动锚杆方向；锚杆下到孔底部后，用水泵通过灌浆管向孔底部注入清水，清洗孔壁的泥皮，使锚孔内的泥浆比重减小。如果孔内泥浆较多，则用高压冲洗孔，在孔内注满清水，用高压风吹出，清洗孔内沉渣和泥浆，保证孔内通畅，孔壁光滑。

锚固段灌浆也称为一次灌浆，应按设计要求注入水泥浆或其他灌浆材料。灌浆采用自然排气法，即无压灌浆，确保锚固段的锚固长度和自由段传递荷载能力。

锚墩浇筑前，应对锚墩与待锚固混凝土构件接触面进行凿毛处理，锚墩上表面（锚垫板）必须与锚索、锚杆轴线垂直，待混凝土浇筑并达到设计强度的80%后张拉锚固。锚墩浇筑时应预留二次灌浆孔和排气孔。

预应力张拉采用先单根张拉再整体张拉的方式，单根张拉和整体张拉锁定值应通过计算确定。锚索张拉后应进行锚索预应力损失监测，对预应力损失超过设计允许值的锚索（或锚杆），应安排补偿张拉。

自由段灌浆也称为二次灌浆，应按照设计要求注入水泥浆或其他灌浆材料。灌浆管从预留的二次灌浆孔插入锚孔，空气由排气孔排出，采用有压灌浆，灌浆压力为0.7~1.5MPa，确保二次灌浆密实，防止锚索出现锈蚀。

张拉完毕经检测合格后，采用砂浆或细石混凝土对锚头进行封闭，达到保护锚头、防止锚具锈蚀的目的。

施工期内应当对锚固孔的孔径、方向及时监测和调整。张拉时应采用锚索测力计对选定的锚索或锚杆应力进行监测，并测量锚索（或锚杆）伸长量，对应力损失较大的锚索（或锚杆）应分析原因，及时进行补偿张拉。

五、粘贴钢板加固技术

粘贴钢板加固技术是在混凝土构件表面用建筑结构胶粘贴钢板，依靠结构良好的黏结力和抗剪切性能，使钢板与混凝土牢固地融为一体，以达到加固补强的目的。这种加固技术适用于承受静力作用的一般受弯，受压及受拉构件。

按施工工艺不同可分为直接涂胶粘贴钢板法和湿包钢灌注法。直接涂胶粘贴钢板法是将黏结剂直接涂抹在钢板表面，再粘贴在混凝土构件表面的方法；湿包钢灌注法是先将钢板逐块安装在构件表面，焊接成一个整体，然后将黏结剂灌入钢板和混凝土构件的缝隙内的一种加固方法，其主要是针对复杂构件的加固和加固过程中需要对钢板进行焊接操作的工程。

粘贴钢板加固技术具有以下特点：施工快速。在保证粘贴钢板加固结构质量的前提下，可快速完成施工任务，在不停产，不影响使用的情况下能够大大节约施工时间。施工便捷。加固用的钢板，一般以 Q235 钢或 Q345 钢为宜，钢板厚度一般为 2~6 mm，该加固法基本上不影响构件的外观。养护时间短。完全固化后即可以正常受力工作。不需要特殊空间。加固效果明显，经济效益显著。但是，粘贴钢板加固技术也存在一定的局限与不足。

在考虑是否应用粘贴钢板加固方案时，首先通过现场调查或检测，分析结构现状并解剖原设计意图，弄清楚结构的受力途径、材料性能，以及原施工的年限、方法、质量等，其次需要通过相关的计算，判断被加固结构或构件是否满足安全要求，进而根据加固施工的可行性和经济性比较，最后确定适宜的加固方法。

受弯构件加固时，经试验研究表明钢板与被加固构件之间在受力时产生滑移，截面应变并不完全满足平截面假定，但是根据平截面假定计算的加固构件承载力与试验值相差不大，因此加固计算中平面假定仍然适用。受拉的区域加固钢筋混凝土矩形、T 形截面受弯构件的正截面承载力计算，仍按二阶受力构件考虑，不同受力阶段的构件截面变形满足平面假定。在正截面承载力极限状态，构件加固后截面受压边缘混凝土的压应变达到极限压应变，圆构件截面受拉钢筋屈服。钢板的应力根据其应变确定，但应小于其抗拉强度设计值。采用钢板加固的受弯构件，钢板应具有足够的锚固黏结长度，传递钢板与被加固构件界面之间的黏结剪应力。在计算长度的基础上，应将锚固黏结长度增加一定的富余量，以消除施工误差的影响，保证黏结剪应力的有效传递。

第四节　水闸金属结构补强修复技术

水闸金属结构主要是指钢质闸门及部分钢制结构。水闸金属结构经可靠性鉴定需要加固时，应根据鉴定结论和委托方提出的要求，由专业技术人员进行加固设计。水闸金属结构加固设计的内容和范围，可以是整体结构，也可以是制定的区段、特定的构件或部位。加固后的钢结构安全等级，应根据结构破坏后果的严重程度、结构的重要性和下一个使用期的具体要求，根据实际情况确定。

水闸金属结构构件加固设计应与实际施工方法紧密结合，并采取有效措施，保证新增截面、构件和部件与原结构可靠连接，形成整体共同工作，并应避免对未加固部分或构件造成不利影响。对于由于腐蚀振动、地基不均匀沉降等原因造成的结构损坏，应提出相应的处理对策后再进行加固。

一、加固构件的连接

1. 应根据结构加固的原因、目的、受力状态构造及施工条件，并考虑结构原有的连接方法确定加固构件连接。

2. 同一受力部位连接的加固中，刚度和连接方式相差不应过大，但仅考虑其中刚度较大的连接（如焊缝）承受全部作用力时除外。

3. 焊缝连接加固可通过增加焊缝长度、有效厚度或两者同时增加的办法实现。新增加固角焊缝的长度和熔焊层的厚度，应由连接处的结构加固前后设计受力改变的差值，并考虑原有连接实际可能的承载力计算确定。计算时应对焊缝的受力重新进行分析，并考虑加固前后焊缝的共同工作受力状态的改变。

4. 负荷下用焊缝加固结构时，应尽量避免采用长度垂直于受力方向的横向焊缝，否则应采取专门的技术措施和焊接工艺，以确保结构施工时的安全。采用焊缝连接时，应充分考虑焊接工艺对加固结构的影响。

5. 螺栓或铆钉需要更换或新增加固连接时，应首先考虑采用适宜直径的高强度螺栓连接，当负荷下进行结构加固需要拆除结构原有受力螺栓、铆钉或增加扩大钉孔时，其次除应设计计算结构原有和加固连接件的承载力外还必须校核板件的净截面面积。

6. 当用摩擦型高强度螺栓部分地更换结构连接的铆钉，从而组成高强度螺栓和铆钉的混合连接时，应考虑原有铆钉连接的受力状况，为保证连接受力的匀称，宜将缺损铆钉和与其相对应布置的非缺损铆钉一并更换。

二、裂纹的修复与加固问题

（一）裂纹的修复与加固的分析

1. 裂纹产生的原因

结构因材料选择、构造、制造、施工安装不当及荷载反复作用等，产生具有扩展性或脆断倾向性裂纹损伤、反复作用等。

2. 裂纹的危害

金属结构出现裂纹后，必然会大大降低承载力；成为钢结构断裂的潜在因素，尤其可能产生突然断裂现象，加速腐蚀，降低钢结构的耐久性。

3. 加固原则

降低应力集中程度；避免和减少各类加工缺陷，选择不产生较大残余拉应力的制作工艺和构造形式，以及采用厚度尽可能小的轧制板件。

4. 加固补强方法

修复裂纹时应优先采用焊接方法；对网状分叉裂纹区和有破裂过烧或烧穿等缺陷的部位，宜采用嵌入钢板的方法进行修补。

（二）裂纹的修复与加固的方法

1. 清洗金属结构裂纹两边 80mm 以上范围内板面油污，并要露出洁净的金属面。

2. 用碳弧、气刨、风铲或砂轮等工具，将裂纹边缘加工出坡口直达纹端的钻孔。坡口的形式应根据板厚和施工条件，根据现行的要求选用。

3. 将金属结构裂纹两侧及端部金属预热至 100~150℃，并在焊接过程中保持这个温度。

4. 在对金属结构裂纹构件修复加固时，应选用与钢材相匹配的低氢型焊条或超低氢型焊条进行焊接。

5. 尽可能用小直径焊条以分段分层方式进行逆向焊接，每一焊道焊完后宜即进行锤击。

6. 对金属结构裂纹构件焊接后，要按设计要求检查焊缝质量，对不符合要求的焊缝应立即采取措施纠正。

7. 对钢闸门等承受动力荷载的构件，焊接后对其光面应进行磨光，使之与原构件表面齐平，磨削痕迹线应大体上与裂纹切线方向垂直。

8. 对于重要金属结构或厚板构件，在焊接后应立即进行退火处理。

三、点焊（铆接）灌注粘贴钢加固法

在重要钢结构构件的加固中，如果采用焊接方法加固，会因焊接高温产生较大的温度应力而造成结构变形。采用摩擦型高强螺栓连接加固，在结构上钻孔会造成原结构损伤。同时，这些方法有一个共同的特点，就是构件之间仅通过焊缝或螺栓连接，不能构成联合工作的整体，而要想达到理想的加固效果，必须增加加固件的截面面积，这样又会造成材料的浪费，黏结加固是通过结构胶将加固件与被加固件黏结在一起的加固方法。但由于结构胶的强度与钢材相比较低，完全依靠结构胶黏结可能会出现剥离现象，因此一般黏结加固会结合焊缝连接或摩擦型高强螺栓连接共同进行。点焊（铆接）黏结法加固钢结构，可避免焊接产生温度应力，对钢结构的损伤比较小。

点焊（铆接）灌注粘贴钢加固法施工顺序为：施工准备＋钢板块制作＋钢板打磨除锈→基面清理→钢板安装、焊接→缝隙封堵、注胶嘴安装→结构胶灌注＋质量检查＋防腐处理。

点焊（铆接）黏结加固法和湿包钢板灌注粘贴法的工艺基本相同，同时可应用于预埋铁件的修复加固，在实施过程中应注意以下几点：

1. 在加固件进行安装时，应将加固件与被加固件重叠放置在一起，构件之间保留 2mm 左右的缝隙，在被加固件周边间隔点焊，即焊接一段空一段，一般情况间隔 300~500mm 焊接 20~30mm。如果加固件黏结面积较大，可适当在加固件中间逐次钻孔和安装拧紧螺栓（或铆钉），螺栓（或铆钉）的数量和间距应根据现场实际情况确定。

2.加固件安装完成后，应采用结构胶封堵加固件与被加固件之间的缝隙，埋设注胶嘴。在压气检查后，通过压力注胶注入灌注型粘贴钢板胶，灌注压力应根据吃浆的总量控制，一般不超过 0.4 MPa。

第五节　水闸闸门止水修复技术

闸门止水是水闸中不可缺少的部件，其主要作用是阻止闸门与门槽预埋件之间的漏水，止水装置一般安装在闸门门叶上，也有部分闸门将止水安装在埋件上。

闸门止水按照安装部位不同，可分为顶止水、侧止水底止水和节间止水。露顶的闸门只有侧止水和底止水，潜孔闸门还需要设置顶止水，分节的闸门还应设置节间止水。闸门各部位的止水装置应具有连续性和严密性，止水密封效果是确保水闸安全运行的关键。止水座板应与止水座紧密连接在一起，使用不锈钢制作顶部、侧面止水座板时，厚度不应小于 4 mm。

止水材料应具有良好的弹性并有较高的强度，一般可采用橡胶、木材、金属等，其他材料也可作为止水材料。根据水闸安全鉴定结论，认为需要更换止水的闸门应予以更换，需要拆除重建的闸门，闸门止水应按新建进行处理。

一、混凝土闸门止水更换

混凝土闸门的止水多采用橡胶止水或金属止水。橡胶止水采用较多的是橡皮，侧止水和顶止水一般采用 P 形或 O 形橡皮或金属止水，底止水一般采用条形橡皮；金属止水多采用铸铁止水。

在进行止水更换时，可将原损坏的止水更换为橡胶止水，也可以更换为铸铁止水。橡胶止水更换简单、工作量小，但容易产生老化，在闸门运行中需要经常更换；铸铁止水效果好，可长期使用，无特殊原因不需要再次更换，但要求安装精度高、工作量较大、一次性投资大。无论采用何种止水方式，安装时都应注意各部位止水的连续性和严密性。

橡胶止水更换的施工工序为：施工准备＋拆除老化橡胶止水＋安装止水橡皮→防腐处理。

1.施工准备。将需要更换止水的闸门提至检修平台，清除闸门止水表面的附着物，准备好需要更换的止水橡皮、压板和相应安装工具。

2.拆除老化橡胶止水。在做好施工准备后，将固定止水橡皮的螺栓去掉，对锈死的螺栓可直接切割，取下老化的止水橡皮，并清理预埋件和焊接件表面的锈迹。对预埋铁件锈蚀严重的混凝土闸门，在止水安装前应先加固更新的埋件。

3.安装止水橡皮。止水橡皮的安装顺序为：先安装侧止水，再安装底止水和顶止水。

将止水橡皮用钢压板压紧，在紧固螺栓时应注意从中间向两端依次、对称拧紧，侧止水与顶止水、底止水通过角止水橡皮连接。连接时应注意止水橡皮连接部位的连续性和严密性。

二、铜质材料闸门止水更换

钢闸门止水一般宜采用橡皮止水，这样更加具有弹性和便于更换，其更换方法与混凝土闸门橡皮止水更换方法基本相同。

1. 止水的更换

橡皮止水的更换程序比较简单，一般为：施工准备＋老化止水拆除＋安装止水橡皮＋防腐处理。

（1）施工准备将需要更换止水的闸门提升至一定高度，清除闸门止水表面的附着物，准备好需要更换的止水橡皮、压板和相应安装工具。

（2）老化止水拆除拆掉闸门侧轮，松开固定止水橡皮的螺母，并将螺栓顶出。因锈蚀严重无法卸掉的，可用扁铲将螺母铲掉，也可以用氧、乙炔喷枪将其割除，然后将螺栓冲出。止水拆除时会遇到闸门与侧墙间隙过小，出现止水橡皮无法取出的现象，此时可用千斤顶增大闸门与侧墙的间隙，以方便止水的拆除和安装。

（3）安装止水橡皮的安装顺序为：先安装侧止水再安装底止水和顶止水。将侧止水橡皮上端用绳索拉紧系牢，自下而上将侧止水橡皮打入侧墙导板和侧止水橡皮顶板之间的空隙内，并贴紧闸门的面板，把压板放于侧止水橡皮上面，将螺栓插入螺孔，自中间向两端进行预紧固，最后逐个进行紧固。底止水和顶止水的安装方法与侧止水基本相同。

（4）防腐处理为了方便止水橡皮的再次更换并增加止水橡皮的密封性能，防止螺栓锈蚀，在止水更换完成后，应对螺栓外露部分进行防锈处理。

2. 止水橡皮连接

安装的止水橡皮应保证其连续性和严密性，以防止止水橡皮连接不严密引起闸门的渗漏。在同一部位的止水橡皮，一般应采用一整条止水橡皮，中间不设置连接缝。侧止水与顶止水、底止水通过角止水橡皮连接。将侧止水橡皮下端与角止水橡皮上端连接处的两个对应面，用锋利的刀垂直于止水橡皮的平面割入深 10mm，在长度方向割除 60mm、深 10mm（指止水橡皮平面尺寸）。

第四章　水利工程建设进度控制

水利工程建设的进度直接影响竣工的时间，是否能按照合同时间完成施工。基于此本章对水利工程建设进度控制展开讲述。

第一节　进度控制的作用和任务

一、进度控制的概念

建设工程进度控制是指对工程项目建设各阶段的工作内容、工作程序、持续时间和衔接关系根据进度总目标及资源配置的原则制订计划并付诸实施，然后在进行计划的实施过程中检查实际进度是否按计划进度要求进行，对出现的偏差情况进行分析，采取补救措施或调整、修改原计划后再付诸实施，如此循环，直到建设工程竣工验收交付使用。建设工程进度控制的最终目的是确保建设项目按预定的时间动用或提前交付使用。建设工程进度控制的总目标是确保建设工期。而进度控制目标能否实现，主要取决于处在关键线路上的工程内容能否按预定的时间完成。当然，同时要注意非关键线路上的工作延误情况。保证工程项目按期建成交付使用，是建设工程施工阶段进度控制的最终目的。为了有效地控制施工进度，首先要将施工进度总目标从不同的角度进行层层分解，形成施工进度控制目标体系，从而作为对实施进行控制的依据。

建设工程施工进度控制目标体系包括：各单位工程交工动用的分目标及按承包单位施工阶段和不同计划期划分的分目标；各目标间的相互联系。其中，下级目标受上级目标的制约，下级目标保证上级目标，最终保证施工进度总目标的实现。为了提高速度计划的可预见性和进度控制的主动性，在确定施工进度控制目标时，必须全面细致地分析与建设工程进度有关的有利因素和不利因素，确定施工进度控制目标的主要依据有：建设工程总进度目标对施工工期的要求；工期定额、类似工程项目的实际进度；工程难易程度和工程条件的落实情况等。

在确定施工进度分解目标时，还要考虑以下各个方面：

1.对于大型建设工程项目，应根据尽早提供可动用单元的原则，集中力量分期分批建设，以便尽早投入使用，尽快发挥投资效益。

2. 合理安排土建与设备的综合施工。

3. 结合本工程的特点，参考同类建设工程的经验来确定施工进度目标。

4. 做好资金供应能力，施工力量的配备、物资（材料、构配件、设备）供应能力与施工进度的平衡工作，确保工程进度目标的要求而不落空。

5. 考虑外部协作条件的配合情况。

6. 考虑工程项目所在地区地形、地质、水文、气象等方面的条件。

总之，要想对工程项目的施工进度实施控制，就必须有明确、合理的进度目标（进度总目标和进度分目标），否则，控制便失去了意义。

二、建设工程进度控制的依据

监理单位只承担监督合同双方履行合同的职责，没有修改合同的权利。所以，监理工程师应严格按合同的有关规定，执行监理工作任务，对合同工期控制遵循以下原则：

1. 以合同期为准，严格执行合同。

2. 发生超常规的自然条件暴雨、洪水、地震或因业主方未能按合同规定提供必须的条件（设计图纸、施工场地、移民搬迁、水源、电源及业主方提供的主要建筑材料）时，监理人员应根据施工单位申报的调整工期意见，实事求是地核实影响范围、程度和时间，提出初审意见，报业主方审定。

3. 由于施工单位的施工力量投入不足或管理不当，造成工期延误，除要求施工方及时加大投入或改善管理，以提高施工强度，为业主挽回工期外，对延误工期部分将根据合同有关规定提出具体处理要求，报业主方审定。

4. 一个合同中有分阶段交付使用的要求的，按分阶段控制，将阶段工期与总工期衔接起来，以保证阶段工期和总工期的实现，并及时做好阶段初检工作。

三、建设工程进度控制的任务和作用

1. 设计准备阶段控制的任务

收集有关工期的信息，进行工期目标和进度控制管理；编制工程项目建设总进度计划；编制设计准备阶段详细工作计划，并控制其执行；进行环境及施工现场条件的调查和分析。

2. 设计阶段进度控制的任务

编制设计阶段工作计划，并控制其执行；编制详细的出图计划，并控制其执行。

3. 施工阶段进度控制的任务

编制施工总进度计划，并控制其执行；编制单位工程施工进度计划，并控制其执行；编制工程年、季、月实施计划，并控制其执行。为了有效地控制建设工程进度，监理工程师要在设计准备阶段向建设单位提供有关工期的信息，协助建设单位确定工期总目标，并进行环境及施工现场条件的调查和分析。在设计阶段和施工阶段，监理工程师不仅要审查设计单位和施工单位提交的进度计划，更要编制监理进度计划，以确保进度控制目标的实现。

四、建设工程进度控制措施

在施工招标时确定中标单位并签订工程发包合同后，以发包合同规定的施工期为监理进度控制目标。如果业主要求提前完工或承包商承诺提前竣工，则监理机构将全力支持、配合、协调、监督施工单位采取一定的管理、技术、经济、合同措施，力保按期完工。

（一）组织措施

进度控制的组织措施主要包括：建立进度控制目标体系，明确建设工程现场监理组织机构中的进度控制人员及其职责分工；建立工程进度报告制度及进度信息沟通网络；建立进度计划审核制度和进度计划实施中的检查分析制度；建立进度协调会议制度，包括协调会议举行的时间、地点，协调会议参加人员等；建立图纸审查、工程变更和设计变更管理制度。

在监理工作中，监理单位召集现场各参建单位参加现场进度协调会议。监理单位协调承包单位不能解决的内外关系。所以，在会议之前监理人员要收集相关的进度控制资料，如承包商的人员投入情况、机械投入情况、材料进场和验收情况、现场操作方法和施工措施环境情况等。这些都将是监理组织进度专题会议的基础资料。通过这些事实，监理人员才能对承包商的施工进度有一个确切的结论，除指出承包商进度落后这一结论和要求承包商进行改正的监理意见外，监理人员还要建设性地对如何改正提出自己的看法，对承包商将要采取的措施得力与否进行科学的评价。有时监理单位可以组织现场专题会议。现场专题会议一般是由现场的项目经理，副经理，相关管理人员、各专业工种负责人，业主代表和监理人员参加，由项目总监理工程师主持，会议有记录，会后编制会议纪要。当实际进度与计划进度出现偏差时，在分析原因的基础上要求施工单仪采取以下组织措施：增加作业队伍、工作人数、工作班次，开内部进度协调会等。必要时同步采取其他配套措施：改善外部配合条件，劳动条件，实施强有力的调度，督促承包商调整相应的施工计划，材料设备供应计划，资金供应计划等，在新的条件下组织新的协调和平衡。

（二）技术措施

进度控制的技术措施主要包括：审查承包商提交的进度计划，使承包商能在合理的状态下施工；编制进度控制工作细则，指导监理人员实施进度控制；采用网络计划技术及其他科学适用的计划措施，并结合电子计算机的应用，对建设工程进度实施动态控制。

作为监理工程师应该具备对承包商现场状态的洞察能力。进度控制无非是对承包商的资源投入状态、资源过程利用状态及资源使用后与目标值的比较状态三个方面内容的控制。

对这三个方面的控制监理是对进度要素的控制。建立进度控制的方法即对这些要素具体的综合运用。工程开工时，监理机构指令施工单位及时上报项目实施总进度计划及网络图。总监理工程师审核施工单位提交的总进度计划是否符合合同总工期控制目标的要求，进行进度目标的分解和确定关键线路与节点的进度控制目标，制订监理进度控制计划。为了做好工期的预控，即施工进度的事前控制，监理人员主要按照（建设工程监理规范）的要求，审批承包单位报送的施工总进度计划；审批承担单位编制的年、季、月度施工进度计划；专业监理工程师对进度计划实施的情况检查、分析；当实际进度符合计划进度时，要求承包单位编制下一期进度计划；当实际进度滞后于计划进度时，专业监理工程师书面通知承包单采取纠偏措施并监督实施技术措施，如缩短工艺时间，减少技术间隔实行平行流水立体交叉作业等。

（三）经济措施

进度控制的经济措施主要包括：及时办理工程预付款及工程进度款制度手续；对应急赶工给予优惠的赶工费用；对工期提前给予奖励；加强索赔管理，公正地处理索赔问题。

监理工程师应认真分析合同中的经济条款内容。监理工程师在控制过程中，可以与承包商进行多方面、多层次的交流。经济支付是杠杆，也是不可缺少的措施之一，而且是重要的进度控制手段。在进度控制的过程中，从对进度有利的前提出发。监理工程师也可以促使甲乙双方对合同的约定进行合理的变更。

（四）合同措施

进度控制的合同措施主要包括：推行CM（建设管理）承发包模式，对建设工程实行分段设计，分段发包和分段施工；加强合同管理，协调合网工期与进度计划之间的关系，保证合同中进度目标的实现；严格控制合同变更，对各方提出的工程变更和设计变更，监理工程师应严格审查后再补入合同文件之中；加强风险管理，在合同中应充分考虑风险因素及其对进度的影响，以及相应的处理方法。

运用合同措施是控制工程进度最理性的手段，全面实际地履行合同是承包商的法律义务。当建设单位要求暂时停工，且工程需要暂停施工，或者为了保证工程质量而需要进行停工处理；或者施工出现了安全隐患，总监理工程师有必要停工以消除隐患；或者发生了必须暂时停止施工的紧急事件，或者承包单位未经许可擅自施工，或拒绝项目监理机构管理时，总监理工程师按照规定，有权签发工程暂时停工指令。这往往发生在赶工时，重进度轻质量的情况下，此时监理人员要采取强制干预措施，控制施工进度。

总之，在工程进度管理中，建设单位起主导作用，施工单位起中心作用，监理单位起重要作用。只有三者有机结合，再加上其他单位的大力配合，才能使工程顺利进行，按期竣工。

第二节 进度控制的方法

工程施工前期的进度控制及准备工作是对施工过程进行动态控制和对工程进度进行主动控制的前提和基础。监理单位应针对工程特点和施工总进度目标，绘制施工进度计划网络图，编制施工进度总控制计划；对施工进度总目标进行层层分解。明确各单项工程各阶段的起止时间，通过运用网络技术定期分析，评价承包的实施进度，当施工进度延误时，要协助承包方查找原因，并制定科学合理的赶工措施；密切注意关键路线项目各重要事件的进展，逐旬、逐月检查承包方的人员，原材料及施工设备的进场情况及进度的实施情况，完善现场例会制度。及时发现，协调和解决影响工程进展的外部条件和干扰因素，促进工程施工的顺利进行，编制和建立适合工程特点的用于进度控制和施工记录的各种图表，便于及时对工程造度进行分析和评价。同时也可以作为进度控制和合同管理的依据。

一、编制和适时调整总进度计划

（一）施工总进度计划的编制

施工总选度计划一般是建设工程项目的施工进度计划，是用来确定建设工程项目中所包含的各单位工程的施工顺序、施工时间及相互关系的计划。编制施工总进度计划的依据包括施工总方案、资源供应条件、各类定额资料、合同文件、工程项目建设总进度计划、工程运用时间目标，建设地区自然条件及有关经访资料等。

施工总进度计划的编制步骤和方法如下。

1. 计算工程量

根据批准的工程项目一览表。按单位工程分别计算其主要实物工程量，只需粗略地计算即可。

工程量的计算可按初步设计（或扩大初步设计）图纸和有关定额手册或资料进行。

2. 确定各单位工程的施工工期

各单位工程的施工工期进度根据合同工期确定，同时还要考虑建筑类型、结构特征、施工方法、施工管理水平、施工机械化程度及施工现场条件等因素。

3. 确定备单位工程的开竣工时间和逻辑关系

确定各单位工程的开竣工时间和逻辑关系主要考虑以下几点：同一时期平行施工的项目不宜过多。以避免人力、物力过于分散；尽量做到均衡施工，以使劳动力、施工机械和主要材料的供成在整个工期范围内达到均衡；尽量提前建设可施工使用的永久性工程，以节省临时工程费用；急需和关键的工程先施工，以保证工程项目如期交工；对于某些技术复杂，施工周期较长，施工困难较多的工程，亦应安排提前施工，以利于整个工程项目按期交付使用施工顺序必须与主要生产系投入生产的先后次序相吻合，同时还要安排好配套工程的施工时间，以保证建设工程能迅速投入生产或交付使用应注意季节对施工顺序的影响，使施工季节不导致工期拖延。不影响工程质量；安排一部分附属工程或零星项目作为后备项目，用以调整主要项目的施工进度；注意主要工种和主要施工机械能否连续施工。

4. 初振施工总进度计划

按照各单位工程的逻辑关系和工期初拟施工总进度计划，施工总进度计划既可以用横道图表示，也可以用网络图表示。

5. 修正施工总进度计划

初步施工总进度计划编制完成后，要对其进行检查，主要是检查总工期是否符合要求，资源使用是否均衡且其供应是否能得到保证。从而确定正式的施工总选度计划。

（二）单位工程施工进度计划的编制

单位工程施工进度计划的编制步骤如下：

1. 划分工作项目

工作项目是包括一定工作内容的施工过程，它是施工进度计划的基本组成单元。工作项目内容的多少和划分的粗细程度，应该根据计划的需求来确定。对大型建设工程，需要明制控制性施工进度计划，此时工作项目可以划分得粗一些，一般明确到分部工程即可。如果单制实施性施工进度计划，工作项目就应该划分得细一些。

由于单位工程中的工作项目较多，故应在熟悉施工图纸的基础上，根据建筑结构的特点及已确定的施工方案，按施工顺序逐项列出，以防止漏项成重项。凡与工程对象有关的内容均应列入计划而不属于直接施工的辅助性项目和服务性项目则不必列入。

另外，有些分项工程在施工顺序上和时间安排上是相互穿插进行的。或者是由同一专业施工队完成的。为了简化进度计划的内容，应尽量将这些项目合并，以突出重点。

2. 确定施工顺序

确定施工顺序是为了按照施工的技术水平和合理的组织关系，解决各个项目之间在时间上的先后次序和搭接问题，以达到保证质量，安全施工，充分利用空间。争取时间，实现合理安排工期的目的。

3. 计算工程量

工程量的计算应根据施工图和工程量计算规则，按所划分的每一个工作项目进行。计算工程量时应注意以下问题：工程量的计算单位应与相应手册中所规定的计量单位相一致，以便计算劳动力、材料和机械数量时直接套用定额，而不必进行换算；结合具体的施工方案和安全技术要求计算工程量；结合施工组织的要求，按已划分的施工段分限分段进行计算。

4. 计算劳动量和机械台班数

当某工作项目由若干个分项工程合并而成时，分则根据各分项工程的时间额（成产量定额）及工程量计算出综合时间定额。

5. 确定工作项目的持续时间

根据工作项目所需要的劳动量或机械台班，以及该工作项目每天安排的工人数或配备的机械合数。即可计算出各工作项目的持续时间。

6. 绘制施工进度计划图

绘制电工进度计划图，首先应选择电工进度计划的表达形式。常用来表达建设工程施工进度计划的有横道图和网络图两种形式。

7. 施工进度计划的检查与调整

在施工进度计划初始方架组制好后，需要对其进行检查和调整。以便进度计划更加合理。进度计划检查的主要内容包括：各工作项目的施工顺序，平行格接和技术间隔是否合理；总工期是否满足合同规定，主要工种的工人是否能满足连续。均衡施工的要求，主要机具、材料等的利用是否均衡和充分。在这一项中，首要的是前两方面的检查，如果不满足要求，则必须进行调整。只有在前两个方面均达到要求的前提下，才能进行后两个方面的检查与调整。前者是解决可行性的问题。而后者则是优化的问题。

（三）调整总进度计划

工期目标的按期实现，前提是要有一个科学合理的进度计划。如果实际进度与计划进度出现偏差，则应根据工作偏差对其后续工作和总工期的影响情况，调整后续施工的进度，以确保工程进度与目标实现。

在工程实施过程中，监理工程师严格执行施工合同中对进度、开工及延期开工、暂停施工、工期延误、工程竣工的承诺。建立实际进度监测与调整的系统过程，通过检查分析，如果发现原有进度计划已不适应实际情况，为确保进度控制目标的实现或需要确定新的计划目标，就必须对原有的进度计划进行调整，以形成新的进度计划，作为进度控制的新依据。

在实际工作中应根据具体情况进行进度计划的调整。施工进度调整的方法常用的有两种：一种是通过压缩关键工作的持续时间来缩短工期；另一种是通过组织搭接作业或平行作业来缩短工期。

1. 缩短关键工作的持续时间

这种方法的特点是，不改变工作之间的先后顺序关系，而通过采取增加资源投入、提高劳动效率等措施来缩短某些工作的持续时间，使工程进度加快，以保证按计划工期完成该工程项目。这些被压缩持续时间的工作是位于关键线路和超过计划工期的非关键线路上的工作。同时，这些工作又是其持续时间可被压缩的工作，这种调整通常可以在网络图上直接进行。其调整方法视限制条件及其对后续工作的影响程度的不同而有所区别，一般可分为如下两种情况。

（1）网络计划中某项工作进度拖延的时间已超过自由时差，但未超过其总时差。此时该工作的实际进度不会影响总工期，而只对其后续工作产生影响。所以，在进行调整前，需要确定其后续工作允许拖延的时间限制，并以此作为进度调整的限制条件。该限制条件的确定较复杂，尤其是当后续工作有多个平行的承包单位负责实施时更是如此。后续工作如不能按原计划进行，则在时间上产生的任何变化都可能使合同不能正常执行，而导致蒙受损失的一方提出赔偿。因此，寻求合理的调整方案，把进度拖延后对其后续工作的影响减小到最低程度，是监理工程师的一项重要工作。

（2）网络计划中某项工作进度拖延的时间超过其总时差。如果网络计划中某项工作进度拖延的时间超过其总时差，则无论该工作是否为关键工作，其实际进度都将对后续工作和总工期产生影响。此时，进度计划的调整方法又可分为以下两种情况：

1）项目总工期不允许拖延。如果工程项目必须按照原计划工期完成，则只能采取缩短关键线路上后续工作持续时间的方法来达到调整计划的目的。这种方法实质上就是工期优化的方法。

2）项目总工期允许拖延的时间有限。如果项目总工期允许拖延，但允许拖延的时间有限，则当实际进度拖延时间超过此限制时，也需要对网络计划进行调整，以便满足要求。具体的调整方法是，以总工期的限制时间作为规定工期，对检查日期之后尚未实施的网络计划进行工期优化，即通过缩短关键线路上后续工作持续时间的方法来使总工期满足规定工期的要求。

缩短关键工作的持续时间通常需要采取一定的措施来达到目的。具体的措施包括：

组织措施：增加工作面，组织更多的施工队伍；增加每天的施工时间；增加劳动力和施工的机械数目。

技术措施：改进施工工艺和施工技术，缩短工艺技术间歇时间；采用更先进的施工技术，以减少施工过程的数量；采用更先进的施工机械。

经济措施：实行包干奖励；提高奖金数额；对所采取的技术措施给予相应的经济补偿。

其他配套的措施：改善外部配合条件；改善劳动条件；实施强有力的调度措施等。

一般说来，不管采取哪种措施，都会增加费用。所以，在调整施工进度计划时，应利用费用最低的措施选择单位费用增加量最少的关键工作作为压缩对象。

2. 改变某些工作间的逻辑关系

当工程项目实施中产生的进度偏差影响到总工期，且有关工作的逻辑关系允许改变时，可以改变关键线路和超过计划工期的非关键路线上的有关工作之间的逻辑关系，以达到缩短工期的目的。例如，将按照顺序进行的工作改为平行作业。搭接作业及分段组织流水作业等，都可以有效地缩短工期。这种方法的特点是不改变工作的持续时间，而只改变工作的开始时间和完成时间。对于大型的建设工程，由于其单位工程较多且互相的制约比较少，可调整的幅度比较大,所以采取平行作业的方法来调整施工进度计划较容易。而对于单位工程项目,由于受工作之间工艺关系的限制,可调整的幅度比较小,因此通常采用搭接作业的方法来调整施工进度计划。但不管是采用搭接作业还是平行作业,建设工程的单位时间内的资源需求都将会增加。

二、工序控制

工序控制是指根据工程的施工进展,编制分项工程资源和工序控制计划(包括工程图纸供应计划、施工设备及劳动组织控制计划、材料供应计划、各个施工作业计划等)来控制进度的方法。

一般要求承包商报送的施工进度计划以横道图或网络图的形式编制,同时说明施工方法、施工场地、道路利用的时间和范围、项目法人所提供的临时工程和辅助设施的利用计划(并附机械设备需要计划)、主要材料需求计划、劳动力计划、资金计划及附属设施计划等。工序控制一般包括以下几个方面。

1. 施工机械、物资供应计划

为了实现月施工计划,对需要的施工机械、物资必须检查,主要包括机械需要计划、主要材料需要计划。

2. 技术组织措施计划

合同要求编制技术组织措施方面的具体工作计划,如保证完成关键作业项目,实现安全施工等。对关键线路上的施工项目,严格控制施工工序,并随工程的进展实施动态控制;对于重要的分部,分项工程的施工,承包单位在开工前,应向监理工程师提交详细方案,说明为完成该项工程的施工方法,施工机械设备及人员配备与组织、质量管理措施及进度安排等,报请监理工程师审查认可后方能实施。

3. 施工进度计划控制

总体工程开工前,要求承建单位报送施工进度总计划,监理部门审查其逻辑关系,施工程序和资源的投入均衡与否及其对工程施工质量和合同工期目标的影响。承建单位根据监理部门批准的进度计划,结合实际工程的进度,按月向监理部门报送当月实际完成的施工进度报告和下月的施工进度计划。

4. 工程施工过程控制

监理工程师对施工开工申请单中陈述的人员、施工机具,材料及设备到场情况,施工方法和施工环境进行检查。例如,检查主要专业操作工持证上岗资料;检查五大员(施工员、质检员、材料员、安全员、试验员)是否到岗;检查施工机具是否完好,能否正常运行,能否达到设计要求;检查进场材料是否与设计要求品种、规格一致,是否有出厂标签、产品合格证、出厂试验报告单等。工程施工过程中,监理工程师应确切注意施工进度进展情况，并且通过计算机项目管理程序进行动态跟踪，如工程出现工期延误的情况，监理部门及时召开协调会议，查出原因，不管是不是由于建设单位造成的，都应及时与建设单位协商，尽快解决存在的问题。

第三节　进度控制的具体措施

一、施工进度计划的审查

工程进度控制的具体手段是：建立严格的进度计划会商和审批制度；对进度计划执行情况进行考核，并实行奖惩；定期更新进度计划，及时调整偏差；通过进度计划滚动编制过程的远粗、近细，事先对工程进度动态控制；对工程总进度计划中的关键项目进行重点跟踪控制，达到确保工程建设工期的目的；根据整个工程实际进度，统一安排而提出指导性或目标性的年度，季度总进度计划，用于协调整个工程进度。工程进度涉及业主和承包商的利益，计划是工程进度的控制依据，也是管理工作的重要组成部分，科学合理的工程进度计划是保证施工工期的前提条件。工程进度的控制主要用于审查承包商所制订的施工组织计划的合理性和可行性，并对计划的执行情况进行追踪检查，当发现实际进度与计划不符时，及时提醒承包商，帮助分析查找原因，适时指导承包商调整进度计划，并监督和指导其采取行之有效的补救措施，审核施工单位编制的工程进度计划，并检查督促其执行。目标进度计划审查的主要内容如下：

1. 对承包人报送的实际进度计划（包括总进度计划分年施工计划、季度施工计划、分月施工计划等）进行认真审批。看进度安排是否符合工程项目建设总进度计划中总目标和分目标的要求，是否符合施工合同中开工、竣工日期的规定。审查计划作业项目是否齐全，有无漏项。

2. 审查施工总进度计划中的项目是否有遗漏，分期施工是否满足分批动用的需要和配套动用的要求。

3. 按分项工程对总进度进行分解，对重点、关键部位或项目，制订工序控制计划和控制工作细则。分析各项目的完工日期是否符合合同规定的各个中间完工日期（主要进度控制里程碑）和最终完工日期；各道作业的逻辑关系是否正确、合理，是否符合施工工序；施工顺序的安排是否符合施工工艺的要求。对进度计划重点审查其逻辑关系、施工程序，资源的均衡投入与否，以及施工进度安排对工程支付、施工质量和合同工期目标的影响等方面。

4. 劳动力、材料、构配件、设备及施工机具、水，电等生产要素的供应计划是否能保证施工进度计划的实现，供应是否均衡，需求高峰期是否有足够能力实现计划供应，与之相应的人员、设备和材料及费用等资源是否合理，能否保证计划的实施。

5. 与外部环境是否有矛盾。如承包商的进度计划是否与项目法人的工作计划协调，与业主提供的设备条件和供货时间有无冲突，对其他标承包商的施工有无干扰；总包、分包单位编制的各项单位工程施工进度计划之间是否相协调；专业分工与计划衔接是否明确合理。

如果监理工程师在审查施工进度计划的过程中发现问题，应及时向承包单位提出书面修改意见（也称整改通知书），并协助承包单位修改。其中重大问题应及时向业主汇报。

二、优化调整进度计划

监理单位应跟踪计划的实施并进行监督，当发现进度计划执行受到干扰时，应采取调整措施。调整进度计划即对工期进行优化。所谓工期优化，是指网络计划的计算工期不满足要求工期时，通过压缩关键工作的持续时间以满足要求工期目标的过程。

网络计划工期优化的基本方法是在不改变网络计划中各项工作之间逻辑关系的前提下，通过压缩关键工作的持续时间来达到优化目标。在工期优化过程中，按照经济合理的要求，不能将关键工作压缩成非关键工作。此外，当工期优化过程中出现多条关键线路时，必须将各条关键线路的总持续时间压缩相同数值。否则，不能有效地缩短工期。

网络计划的工期优化可按下列步骤进行：

1. 确定初始网络计划的计算工期和关键线路。

2. 按要求工期计算应缩短的时间。

3. 选择应缩短持续时间的关键工作。选择压缩对象时宜在关键工作中考虑下列因素：（1）缩短持续时间对质量和安全影响不大的工作。（2）有充足备用资源的工作。（3）缩短持续时间所需增加费用最少的工作。

4. 将所选定的关键工作的持续时间压缩至最短，并重新确定计算工期和关键线路。若被压缩的工作变成非关键工作，则应延迟其持续时间，使之仍为关键工作。

5. 当计算工期仍超过要求工期时，则重复上述步骤，直至计算工期满足要求工期或计算工期已不能再缩短为止。

6. 当所有关键工作的持续时间都已达到其能缩短的极限而寻求不到继续缩短工期的方案，但网络计划的计算工期仍不能满足工期要求时，应对网络计划的原技术方案，组织方案进行调整，或对工期要求重新审定。

选择关键工作压缩其持续时间时，应选择优选系数最小的关键工作。若需要同时压缩多个关键工作的持续时间，则它们的优选系数之和（组合优选系数）最小者应优先作为压缩对象。

在工程实施过程中按照进度计划合理控制，若实际进度与计划进度偏差甚大，应及时调整进度计划措施。

监理工程师根据现场的施工进展情况，要求承包商适时提交实际进度的计划，以便及时掌握承包商投入的资源。因此，适时修正的施工进度计划是监理工程师实施进度控制的重要手段，也是监理工程师分析进度拖延的原因，分清施工延期责任、确定延期和赶工费用的基础。

三、工期延误补救

造成工程进度拖延的原因有两个方面：一是承包单位自身的原因；一是承包单位以外的原因。前者所造成的进度拖延称为工程延误，而后者所造成的进度拖延称为工程延期。当出现工程延误时，监理工程师有权要求承包单位采取有效措施加快施工进度。如果经过一段时间后，实际进度没有明显改进，而且显然影响工程按期竣工时，监理工程师应要求承包单位修改进度计划，并提交给监理工程师重新确认。工程延误通常可以采用停止付款、误期损失赔偿、取消承包资格等方法处理。

监理工程师对修改后的施工进度计划的确认并不是对工程延误的批准，他只是要承包单位在合理的状态下施工。因此，监理工程师对进度计划的确认并不能解除承包单位应负的一切责任，承包单位需要承担赶工的全部额外开支和误期损失赔偿。

（一）工程延误的处理措施

1. 在原计划范围内采取赶工措施

（1）在年度计划内调整。当月计划未完成，一般要求在下一个月的施工计划中补上。如果由于某种原因（如发生大的自然灾害，或材料、设备、资金未能按计划要求供应等）计划拖欠较多，则要求在季度或年度的其他月份内调整。

（2）在合同工期内跨年度调整。工程年度施工计划是报上级主管部门审查批准的，对于大型工程，还需经国家批准，所以是国家计划的一部分，应有其严肃性。当年计划应力争在当年内完成。只有在出现意外情况（如发生超标准洪水，造成很大损失，出现严重的不良地质情况，材料、设备、资金供应等无法保证时），承包商通过各种努力仍难以完成年度计划时，才允许将部分工程施工进度后延。在这种情况下，调整当年剩余月份的施工进度计划时，应保证合同书上规定的工程控制日期不变，因为它是关键线路上的工期。例如，向下一个工序的承包商移交工作面，某项工程完工等，若拖后很可能引起工期顺延，还可能引起下一工序承包商的索赔，这时，该承包商应加快进度并按原定时间完工。影响上述工程控制工期的关键线路上的施工进度应保证，非关键线路上的施工进度应尽可能保证。

当年的月（季）施工进度计划调整需跨年度时，应结合总进度计划调整考虑。

2. 超过合同工期的进度调整

在合同规定的控制工期内调整已无法实现时，只有靠超过工期来调整进度。这种情况只有在万不得已时才被执行。调整时应注意先调整投产日期外的其他控制日期。例如，厂房土建工期拖延可考虑以加快机电安装进度来弥补，开挖时间拖延可考虑以加快浇筑进度来弥补等，以不影响第一台机组发电时间为原则，可考虑将工期后延，但应报上级主管部门审批。进度调整时应使竣工日期推迟最短。

3. 工期提前的进度调整

当控制投产日期的项目完成计划后，且根据施工总进度安排，其后续施工项目和施工进度有可能缩短时，应考虑工程提前投产的可能性。例如，某发电厂工程，其厂房标计划完成较好，机组安装力量较强，工期有可能提前；而引水系统由于客观原因，进度拖后较多，成了控制工程发电工期的拦路虎，这时就应想办法把引水系统进度赶上去。

一般情况下，只要能达到预期目标，调整越少越好。在进行项目进度调整时，应充分考虑以下各方面因素的制约：

（1）后续施工项目合同工期的限制。

（2）进度调整后，会不会给后续施工项目造成赶工或窝工而导致其工期和经济上遭受损失的制约。

（3）材料物资供应需求上的制约。

（4）劳动力供应需要的制约。

（5）工程投资分配计划的限制。

（6）外界自然条件的制约。

（7）施工项目之间逻辑关系的制约。

（8）后续施工项目及总工期允许拖延幅度的制约。

（二）工期延期的处理措施

工期延期是指由于承包单位以外的原因造成工期拖延，承包单位有权提出延长工期的申请，监理工程师应根据合同规定，审批工程延期时间。经监理工程师研究批准的工期延长时间，应纳入合同工期，作为合同工期的一部分，即新的合同工期应等于原定的合同工期加上监理工程师批准的工期延长时间。发生工期延长事件，不仅影响工程的进度，而且会对业主带来损失，所以，监理工程师应做好以下工作，以减少或避免工程延期事件的发生。

1. 选择合适的时机下达工程开工令

监理工程师在下达工程开工令之前，应考虑业主的前期准备工作是否充分，特别是征地，应充分考虑拆迁工作是否已解决，设计图纸能否及时提供，以及付款方面有无问题，要避免上述问题缺乏准备而造成工程延期。

2. 提醒业主履行施工承包合同中规定的职责

在施工过程中，监理工程师应提醒业主履行自己的职责，提前做好施工场地及设计图纸的提供工作，并能及时支付工程进度款，减少或避免由此造成的工程延期。

3.妥善处理工程延期事件

在延期事件发生后，监理工程师应根据合同规定进行妥善处理，既要减少工期延长时间及其损失，又要在研究调查的基础上合理批准工期延长时间。

此外，业主在施工过程中应减少干预、多协调，以避免由于业主的干扰和阻碍而导致延期事件的发生。

（三）工期进度计划的贯彻

1.检查各层次的计划，形成严密的计划保证系统

施工总进度计划、单位工程施工进度计划、分部分项工程施工进度计划，都是围绕一个总任务面编制的，它们之前的关系是：高层次计划为低层次计划的依据。低层次计划为高层次计划的具体化。在其贯彻执行时，应当检查是否协调一致，计划目标是否层层分解，相互衔接。组成一个计划实施的保证体系，以施工任务书的方式下达到施工队以保证实施。

2.层层签订承包合同或下达施工任务书

工期进度经理，施工队和作业班组之间分别签订承包合同，按计划目标明确规定合同工期、相互应承担的经济责任、享有的权利和利益，或者采用下达施工任务书的方法，将作业下达到施工班组，明确具体施工计划、技术措施、质量要求等内容。要求施工班组必须保证按作业计划时间完成规定的任务。

3.计划全面交底，发动群众实施计划

施工进度计划的实施是全体工作人员共同的行动，有关人员都应明确各项计划的目标、任务、实施方案和措施，使管理层和作业层协调一致，让计划变成群众的自觉行动，充分发动群众，发挥群众的干劲和创造精神，在计划实施前，要进行计划交底工作，可以根据计划的范围召开全体职工代表大会或各级生产会议进行交底落实。

（四）督促施工单位工期进度计划的实施

1.检查施工，编制月作业计划

为了实施施工进度计划，将规定的任务结合现场施工条件，如施工场地的情况，劳动力、机械等资源和施工的实际进度，在施工开始前和过程中不断地编制本月（旬）的作业计划，使施工计划更具体，切合实际和可行。在月（旬）计划中要明确本月（旬）应完成的任务、所需要的各种资源力量。提高劳动生产率的措施和节约措施。

2.签发施工任务书

编制好月作业计划后，将每项具体任务通过签发施工任务书的方式使其进一步落实。施工任务书是向班组下达任务，实行责任承包，全面管理记录的综合性文件。施工班组必须保证指令任务的完成，它是计划实施的纽带。

3. 检查施工进度记录，填好施工进度统计表

在计划任务完成的过程中，各级施工进度计划的执行者都要跟踪做好施工记录，记录计划中每项工作的开始时期、工作进度和完成时期，为工期进度检查分析提供信息，因此，要求实事求是地记录，填好有关图表。

4. 做好施工中的调度工作

施工中调度室组织施工中各阶段、环节、专业和工种的互相配合，是进度协调的指挥核心。调度工作是使施工进度计划实施顺利进行的重要手段。其主要任务是，了解计划实施情况，协调各方面关系，采取措施，解决各种矛盾，加强各薄弱环节，实现动态平衡，保证完成作业计划和实现进度目标。

调度工作内容主要有：监督作业计划的实施，调整、协调各方面的进度关系，监督检查施工准备工作，督促资源供应单位按计划供应劳动力、施工机具、运输车辆、材料构配件等，并对临时出现的问题采取调配措施、按施工平面图管理施工现场，结合实际情况进行必要调整，保证文明施工，了解气候、水电气的情况，采取相应的防范措施和保护措施，及时发现和处理施工中的各种施工和意外事件，调节各薄弱环节，定期召开现场调度会议，落实工期进度主管人员的决策，发布调度令。

5. 督促承包商建立强有力的现场管理机构

督促承包商建立以进度控制为主线的强有力的现场管理目标，狠抓进度计划的落实，对进度计划的落实情况进行考核，促进施工管理水平的提高，以此推动工程的顺利进展，工期进度计划的实施就是施工活动的进展，也就是用施工进度计划指导施工活动，落实和完成计划的过程。工期进度计划逐步实施的过程就是工期进度完成的过程。为了保证工期进度计划的顺利实施，并且尽量按编制的计划时间逐步进行，保证各进度目标的实现，应做好如下工作：

（1）检查承建单位的施工管理组织机构、人员配备、资质业务水平是否符合工程的需要，检查实际参加施工的人力、机械数量及生产效率，对工程中出现窝工人数、窝工机械台班数等；现场分析其原因。

（2）审核施工单位提出的工程项目总进度计划，并督促其执行。审查施工单位月进度计划并督促其执行，要求施工单位定期上报下月的月进度计划和本月的完成工作量表。施工过程中，对照监理机构审批的分月施工计划，督促承包人做好周计划安排，并加以审核，认真落实各项施工措施，保证计划的完成，对实际进度与计划进度的偏差，还要进一步分析其大小，对进度目标影响程度及其产生的原因，以便研究对策，提出纠偏措施，必要时对后期进度计划做出适当的调整。

（五）确保资源供应进度计划的实现

在进度控制中，特别应确保资源供应进度计划的实现，当出现下列情况时，应采取措施处理：

1.发现资源供应出现中断，供应数量不足，供应时间不能满足要求。

2.由于工程变更引起资源需求的数量变更和品种变化时，应及时调整资源供应进度计划。

3.当发包人提供的资源供应速度发生变化而不能满足施工进行要求时，应督促发包人执行原计划。

（六）检查监督计划的实施

监理工程师对进度计划和实际完成任务进行比较，对进度偏差情况、进度管理情况、影响进度的特殊原因进行分析，并报总监理工程师。对进度拖延的，责成施工单位提出加快进度的措施，并督促落实。审核施工单位的进度调整计划，监督其实施。

只有月进度计划按期或超前完成，年度计划和总目标的实现才有保证。所以，监理人员应要求承包商年末上报下一年度的施工进度计划，审批后，再按年度计划编报月进度计划，在审批月进度计划时，对承包商的质量保证体系、人员到位情况，设备运行状态，原材料供应及施工方法都要予以考虑。为检查监督计划的实施，可采取下列措施：

1.建立月例会制。

2.建立现场协调会制度。

3.推行目标管理。

4.及时解决施工中的问题。对于施工中的重点、难点项目，要求承包商制订专门措施，集中一切人力、物力，突击攻关。

5.大力采用新技术。

第五章 水利工程建设质量控制

"百年大计，质量第一"是人们对建设工程项目质量重要性的高度概括。工程质量是基本建设效益得以实现的基本保证。没有质量，就没有投资效益、没有工程进度、没有社会信誉，工程质量是实现建设工程功能与效果的基本要素。质量控制是保证工程质量的一种有效方法，是建设工程项目管理的核心，是决定工程建设成败的关键。项目监理机构要进行有效的工程质量控制，必须熟悉工程质量形成过程及其影响因素，了解工程质量管理的制度，掌握工程参与主体单位的工程质量责任。

第一节 水利工程建设质量控制概述

质量控制是质量管理的一部分，致力于满足质量要求。质量控制的目标就是确保产品的质量能满足顾客、法律法规等方面所提出的质量要求。质量控制的范围涉及产品质量形成全过程的各个环节。任何一个环节的工作没做好，都会使产品质量受到损害，从而不能满足质量的要求。因此，质量控制是通过采取一系列的作业技术和活动对各个过程实施控制的。质量控制的工作内容包括了作业技术和活动。

质量控制具有动态性，因为质量要求随着时间的进展而不断变化，为了满足不断更新的质量要求，对质量控制进行持续改进。项目监理机构在工程质量控制过程中应遵循以下几条原则：

1. 坚持质量第一的原则

建设工程质量不仅关系工程的适用性和建设项目投资效果，而且关系到人民群众生命财产的安全。所以，项目监理机构在投资、进度、质量三大目标控制时，在处理三者关系时，应坚持"百年大计，质量第一"，在工程建设中自始至终把"质量第一"作为对工程质量控制的基本原则。

2. 坚持以人为核心的原则

人是工程建设的决策者、组织者、管理者和操作者。工程建设中各单位、各部门、各岗位人员的工作质量水平和完善程度等，都直接和间接地影响工程质量。所以，在工程质量控制中，要以人为核心，重点控制人的素质和人的行为，充分发挥人的积极性和创造性，以人的工作质量来保证工程质量。

3. 坚持以预防为主的原则

工程质量控制应该是积极主动的，应事先对影响质量的各种因素加以控制，而不能是消极被动的，出现质量问题再进行处理，已造成损失。所以，要重点做好质量的事先控制和事中控制，以预防为主，加强过程和中间产品的质量检查与控制。

4. 以合同为依据，坚持质量标准的原则

质量标准是评价产品质量的尺度、工程质量是否符合合同规定的质量标准要求，应通过质量检验并与质量标准对照。符合质量标准要求的才是合格的，不符合质量标准要求的就是不合格的，必须返工处理。

5. 坚持科学公平、守法的职业道德规范

在工程质量控制中，项目监理机构必须坚持科学、公平、守法等职业道德规范，要尊重科学、尊重事实，以数据资料为依据，客观公平地进行质量问题的处理。要坚持原则，遵纪守法，秉公监理。

一、质量控制的方法

施工质量控制的方法，主要包括审核有关技术文件、报告和直接进行检查或必要的试验等。

对技术文件、报告、报表的审核，是项目经理对工程质量进行全面控制的重要手段，具体内容有：

1. 审核分包单位的有关技术资质证明文件，控制分包单位的质量。

2. 审核开工报告，并经现场核实。

3. 审核施工方案、质量计划、施工组织设计或施工计划，控制工程施工质量等有可靠的技术措施保障。

4. 审核有关材料、半成品和构配件质量证明文件（如出场合格证、质量检验或试验报告等），确保工程质量有可靠的物质基础。

5. 审核反映工序质量动态的统计资料或控制图表。

6. 审核设计变更、修改图纸和技术核定书等，确保设计及施工图纸的质量。

7. 审核有关质量事故或质量问题的处理报告，确保质量事故或问题处理的质量。

8. 审核有关新材料、新工艺、新技术、新结构的技术鉴定书，确保新技术应用的质量。

9. 审核有关工序交接检查，分部分项工程质量检查报告等文件，以确保和控制施工过程中的质量。

10. 审核并签署现场有关技术签证、文件等。

二、现场质量检查

1. 现场质量检查的内容

（1）开工前检查。目的是检查是否具备开工条件，开工后能否连续正常施工，能否保证工程质量。

（2）工序交接检查。对于重要的工序或对质量有重大影响的工序，在自检、互检的基础上，还要组织专职人员进行工序交接检查。

（3）隐蔽工程检查。凡是隐蔽工程均应检查认证后方能掩盖。

（4）停工后复工前的检查。因处理质量问题或某种原因停工后需复工时，经检查认可后方能复工。

（5）分项、分部工程完工后，经检查认可，签署验收记录后方可进行下一工程项目施工。

（6）成品保护检查。检查成品有无保护措施或保护措施是否可靠。此外，还应经常深入现场，对施工操作质量进行巡检，必要时还应进行跟班或追踪检查。

2. 现场进行质量检查的方法

现场进行质量检查的方法有目测法、实测法和试验法三种。

（1）目测法。其手段可归纳为看、摸、敲、照四个字。

1）看，是根据质量标准进行外观目测。如清水墙面是否洁净，喷涂是否密实，颜色是否均匀，内墙抹灰大面积及直角是否平直，地面是否光洁平整，油漆浆活表面观感等。

2）摸，是手感检查。主要用于装饰工程的某些检查项目，如水刷石、干粘石黏结牢固程度、油漆的光滑度、浆活是否掉粉等。

3）敲，是运用工具进行音感检查。如对地面工程、装饰工程中的水磨石、面砖、大理石贴面等均应进行敲击检查，通过声音的虚实判断有无空鼓，还可根据声音的清脆和沉闷判定属于面层空鼓还是底层空鼓。

4）照，指对于难以看到或光线较暗的部位，可采用镜子反射或灯光照射的方法进行检查。

（2）实测法。指通过实测数据与施工规范及质量标准所规定的允许偏差对照，来判断质量是否合格。实测检查法的手段可归纳为靠、吊、量、套四个字。

1）靠，是用直尺、塞尺检查墙面、地面、屋面的平整度。

2）吊，是用托线板以线锤吊线检查垂直度。

3）量，是用测量工具盒计量仪表等检查断面尺寸、轴线、标高、适度、温度等的偏差。这种方法用得最多，主要是检查允许有偏差的项目。如外墙砌砖上下窗口偏移用经纬仪或吊线检查等。

4）套，是以方尺套方，辅以塞尺检查。如对阴阳角的方正、踢脚线的垂直度、预掉构件的方正等项目的检查。

（3）试验法。指必须通过试验手段，才能对质量进行判断的检查方法。如对钢筋对焊接头进行拉力试验，检验焊接的质量等。

1）理化试验。常用的理化试验包括物理力学性能方面的检验和化学成分及含量的测定等。

物理性能有：密度、含水量凝结时间、安定性、抗渗等。力学性能的检验有抗拉强度、抗压强度、抗弯强度、抗折强度、冲击韧性、硬度、承载力等。

2）无损测试或检验。借助专门的仪器、仪表等探测结构或材料、设备内部组织结构或损伤状态等。这类仪器有回弹仪、超声波探测仪、渗透探测仪等。

三、施工质量的事前控制

事前控制是以施工准备工作为核心，包括开工前的施工准备、作业活动前的施工准备等工作质量控制。施工质量的事前预控途径如下：

1. 施工条件的调查和分析

包括合同条件、法规条件和现场条件，做好施工条件的调查和分析，发挥其重要的预控作用。

2. 施工图纸会审和设计交底

理解设计意图和对施工的要求，明确质量控制要点、重点和难点，以及消除施工图纸的误差等。因此，严格进行设计交底和图纸会审，具有重要的事前预控作用。

3. 施工组织设计文件的编制与审查

施工组织设计文件是直接指导现场施工作业技术活动和管理工作的纲领性文件。工程项目施工组织设计是以施工技术方案为核心，通盘考虑施工程序，施工质量、进度、成本和安全目标等的要求。科学合理的施工组织设计对有效地配置合格的施工生产要素，规范施工技术活动和管理行为，将起到重要的导向作用。

4. 工程测量定位和标高基准点的控制

施工单位必须按照设计文件所确定的工程测量定位及标高的引测依据，建立工程测量基准点，自行做好技术复核，并报告项目监理机构进行复核检查。

5. 施工总（分）包单位的选择和资质的审查

对总（分）包单位资格与能力的控制是保证工程施工质量的重要方面。确定承包内容、单位及方式既直接关系到业主方的利益和风险，更关系到建设工程质量的保证问题。因此，按照中国现行法规的规定，业主在招标投标前必须对总（分）包单位进行资格审查。

6. 材料设备及部品采购质量的控制

建筑材料、构配件、半成品和设备等是直接构成工程实体的物质，应该从施工备料开始进行控制，包括对供应厂商的评审、询价、采购计划与方式的控制等。施工单位必须有健全有效的采购控制程序，按照中国现行法规规定，主要材料采购前必须将采购计划报送工程监理部审查，实施采购造价预控。

7. 施工机械设备及工器具的配置与性能控制

对施工质量、安全、进度和成本有重要的影响，应在施工组织设计过程中根据施工方案的要求来确定，施工组织设计批准之后应对其落实状态进行检查控制，以保证技术预案的质量能力。

四、施工质量的事中控制

建设项目施工过程质量控制是最基本的控制途径，因此必须抓好与作业工序质量形成相关的配套技术与管理工作，其主要途径有：

1. 施工技术复核

施工技术复核是施工过程中保证各项技术基准是正确性的重要措施，凡属轴线标高、配方、样板、加工图等用作施工依据的技术工作，都要进行严格复核。

2. 施工计量管理

包括投料计量、检测计量等，其正确性与可靠性直接关系到工程质量的形成和客观效果的评价。因此，施工全过程必须对计量人员资格、计量程序和计量器具等的准确性进行控制。

3. 见证取样送检

为了保证工程质量，中国规定对工程使用的主要材料、半成品、构配件以及施工过程中留置的试块及试件等实行现场见证取样送检。见证员由建设单位及工程监理机构中有相关专业知识的人员担任，送检的试验室应具备国家或地方工程检测主管部门批准的相关资质，见证取样送检必须严格执行规定的程序，包括取样见证并记录，样本编号、填单、封箱，送试验室核对、交接、试验检测、报告等

4. 技术核定和设计变更

在工程项目施工过程中，因施工方对图纸的某些要求不甚明白，或者是图纸内部的某些矛盾，或施工配料调整与代用、改变建筑节点构造、管线位置或走向等，需要通过设计单位明确或确认的，施工方必须以技术联系单的方式向业主或监理工程师提出，报送设计单位核准确认。在施工期间，无论是建设单位、设计单位或施工单位提出，需要进行局部设计变更的内容，都必须按规定程序用书面方式进行变更。

5. 隐蔽工程验收

所谓隐蔽工程，是指上一工序的施工成果要被下一道工序所覆盖，如地基与基础工程、钢筋工程、预埋管线等均属隐蔽工程。总监理工程师应安排监理人员对施工过程进行巡视和检查，对隐蔽工程、下道工序施工等完成后难以检查的重点部位，专业监理工程师应安

排监理员进行旁站，对施工过程中出现的质量缺陷，专业监理工程师应及时下达监理工程师通知，要求承包单位整改并检查整改结果。工程项目的重点部位、关键工序应由项目监理机构与承包单位协商后共同确认。监理工程师应从巡视、检查、旁站监督等方面对工序工程质量进行严格控制。加强隐蔽工程质量验收，是施工质量控制的重要环节。其程序要求施工方首先完成自检并合格，然后填写专用的"隐蔽工程验收单"，验收的内容应与已完成的隐蔽工程实物相一致，事先通知监理机构及有关部门等按约定时间进行验收。验收合格的工程由各方共同签署验收记录。

6. 其他

长期施工管理实践过程形成的质量控制途径和方法，如批量施工前应做样板示范、现场施工技术质量例会、质量控制资料管理等，也是施工过程质量控制的重要工作途径。

五、施工质量的事后控制

施工质量的事后控制，主要是进行已完工程的成品保护、质量验收和对不合格品的处理，以保证最终验收的建设工程质量。

1. 已完工程的成品保护

目的是避免已完施工成品受到来自后续施工以及其他方面的污染或损坏。其成品保护问题和措施等，在施工组织设计与计划阶段就应该从施工顺序上进行考虑，防止施工顺序不当或交叉作业造成相互干扰、污染和损坏，成品形成后可采取防护、覆盖、封闭、包裹等相应措施进行保护。

2. 施工质量检查验收

作为事后质量控制的途径，应严格按照施工质量验收统一标准规定的质量验收划分，从施工顺序作业开始，依次做好检验批、分项工程、分部工程及单位工程等施工质量验收。通过多层次的设防把关，严格验收，控制建设工程项目的质量目标。

3. 当建筑工程质量不符合要求时应按下列规定进行处理

（1）经返工重做或更换器具设备的检验批应重新进行验收。

（2）经有资质的检测单位检测鉴定能够达到设计要求的检验批准应予以验收。

（3）经有资质的检测单位检测鉴定达不到设计要求但经原设计单位核算认可，能够满足结构安全和使用功能的检验批，可予以验收。

（4）经返修及加固处理的分项分部工程虽然改变外形尺寸但仍能满足安全使用要求可按技术处理方案和协商文件进行验收。

通过返修或加固处理仍不能满足安全使用要求的分部工程、单位（子单位）工程严禁验收。

第二节 施工阶段的质量控制

工程施工是使工程设计意图最终实现并形成工程实体的阶段，也是最终形成工程产品质量和工程项目使用价值的重要阶段。工程施工质量控制是项目监理机构工作的主要内容。项目监理机构应基于施工质量控制的依据和工作程序，抓好施工质量控制工作。施工阶段的质量控制应重点做好图纸会审与设计交底、施工组织设计的审查、施工方案的审查和现场施工准备质量控制等工作。施工阶段项目监理机构的质量控制包括审查、巡视、监理指令、旁站、见证取样等。验收和平行检验，工程变更的控制和质量记录资料的管理等。

一、质量控制的依据程序及方法

（一）质量控制的依据

项目监理机构施工质量控制的依据，大体上有以下几类：

1. 工程合同文件

建设工程监理合同建设单位与其他相关单位签订的合同，包括与施工单位签订的施工合同，与材料设备供应单位签订的材料设备采购合同等。项目监理机构既要履行建设工程监理合同条款，又要监督施工单位、材料设备供应单位履行有关工程质量合同条款。因此，项目监理机构监理人员应熟悉这些条款，据其进行质量控制。

2. 已批准的工程勘察设计文件、施工图纸及相应的设计变更与修改文件

工程勘察包括工程测量、工程地质和水文地质勘查等内容，工程勘察成果文件为工程项目选址、工程设计和施工提供科学可靠的依据等。也是项目监理机构审批工程施工组织设计或施工方案、工程地基基础验收等工程质量控制的重要依据。经过批准的设计图纸和技术说明书等设计文件，是质量控制的重要依据。施工图审查报告与审查批准书、施工过程中设计单位出具的工程变更设计都属于设计文件的范畴，"按图施工"是施工阶段质量控制的一项重要原则，已批准的设计文件无疑是监理人进行质量控制的依据。但是从严格质量管理和质量控制的角度出发，监理单位在施工前还应参加建设单位组织的设计交底工作，以达到了解设计意图和质量要求，发现图纸差错和减少质量隐患的目的。

3. 质量标准与技术规范（规程）

质量标准与技术规范（规程）是针对不同行业、不同的质量控制对象而制定的，包括各种有关的标准、规范或规程。根据适用性，标准分为国家标准、行业标准、地方标准和企业标准等。它们是建立和维护正常的生产与工作秩序应遵守的准则，也是衡量工程、设备和材料质量的尺度。对于国内工程，国家标准是必须执行与遵守的最低要求，行业标准、

地方标准和企业标准的要求不能低于国家标准的要求。企业标准是企业生产和工作的要求与规定，适用于企业的内部管理。

这里需要指出的是，工程建设监理制度是按照国际惯例建立起来的特别适用于大型工程、外资工程及对外承包工程。因此，进行质量控制还必须注意其他国家标准。当需要依据这些标准进行质量控制时，就要熟悉它、执行它。

（二）施工阶段质量控制程序

1. 合同项目质量控制程序

（1）监理机构应在施工合同约定的期限内经发包人同意后向承包人发出进场通知，要求承包人按约定及时调遣人员和施工设备、材料进场等进行施工准备。进场通知中应明确合同工期起算日期。

（2）监理机构应协助发包人向承包人移交施工合同约定应由发包人提供的施工用地道路测量基准点及供水、供电、通信设施等开工的必要条件。

（3）承包人完成开工准备后，应向监理机构提交开工申请。监理机构在检查发包人和承包人的施工准备满足开工条件后，签发开工令。

（4）由于承包人原因使工程未能按施工合同约定时间开工，监理机构应通知承包人在约定时间内提交赶工措施报告并说明延误开工原因。由此增加的费用和工期延误造成的损失由承包人承担。

（5）由于发包人原因使工程未能按施工合同约定时间开工，监理机构在收到承包人提出的顺延工期的要求后，应立即与发包人和承包人协商补救办法。由此增加的费用和工期延误造成的损失由发包人承担。

2. 单位工程质量控制程序

监理机构应审批每一个单位工程的开工申请、熟悉图纸，审核承包人提交的施工组织设计、技术措施等，确认后签发开工通知。

3. 分部工程质量控制程序

监理机构应审批承包人报送的每一分部工程开工申请，审核承包人递交的施工措施计划，检查该分部工程的开工条件，确认后签发分部工程开工通知。

4. 单元工程（工序）质量控制程序

第一个单元工程在分部工程开工申请获批准后自行开工，后续单元工程凭监理机构签发的上一单元工程施工质量合格证明方可开工。

5. 混凝土浇筑开仓

监理机构应对承包人报送的混凝土浇筑开仓报审表进行审核。符合开仓条件后，方可签发。

（三）施工阶段质量控制方法

施工阶段质量检查的主要方法有以下几种：

1. 旁站监理

旁站是指项目监理机构对工程的关键部位或关键工序的施工质量进行的监督活动。项目监理机构应根据工程特点和施工单位报送的施工组织设计，将影响工程主体结构安全的、完工后无法检测其质量的或返工会造成较大损失的部位及其施工过程作为旁站的关键部位、关键工序等，安排监理人员进行旁站，并应及时记录旁站情况。

旁站工作程序：

（1）开工前，项目监理机构应根据工程特点和施工单位报送的施工组织设计，确定旁站的关键部位、关键工序等，并书面通知施工单位；

（2）施工单位在需要实施旁站的关键部位、关键工序进行施工前书面通知项目监理机构；

（3）接到施工单位书面通知后，项目监理机构应安排旁站人员实施旁站。

2. 巡视检验

巡视是项目监理机构对施工现场进行的定期或不定期的检查活动，是项目监理机构对工程实施建设监理的方式之一。项目监理机构应安排监理人员对工程施工质量进行巡视。巡视应包括下列主要内容：

（1）施工单位是否按工程设计文件，工程建设标准和批准的施工组织设计（专项）施工方案施工。施工单位必须按照工程设计图纸和施工技术标准施工，不得擅自修改工程设计，不得偷工减料。

（2）使用的工程材料，结构配件和设备等是否合格。应检查施工单位使用的工程原材料、构配件和设备是否合格。不得在工程中使用不合格的原材料、构配件和设备，只有经过复试检测合格的原材料、构配件和设备才能够用于工程。

（3）施工现场管理人员，特别是施工质量管理人员是否到位。应对其是否到位及履职情况做好检查和记录。

（4）特种作业人员是否持证上岗。应对施工单位特种作业人员是否持证上岗进行检查。

3. 见证取样与平行检测

见证取样是指项目监理机构对施工单位进行的涉及结构安全的试块，试件及工程材料现场取样、封样、送检工作的监督活动。完成取样后，施工单位取样人员应在试样或其包装上做出标识、封志。标识和封志应标明工程名称、取样部位、取样日期、样品名称和样品数量等信息，并由见证取样的专业监理工程师和施工单位取样人员签字。

平行检测是指项目监理机构在施工单位自检的同时按有关规定、建设工程监理合同约定对同一检验项目进行的检测试验活动。项目监理机构应根据工程特点、专业要求，以及建设工程监理合同约定等对施工质量进行平行检验。平行检验的项目数量、频率和费用等应符合建设工程监理合同的约定。对平行检验不合格的施工质量，项目监理机构应签发监理通知单，要求施工单位在指定的时间内整改并重新报验。

4. 监理指令文件的签发

在工程质量控制方面，项目监理机构发现施工存在质量问题的或施工单位采用不适当的施工工艺或施工不当造成工程质量不合格的，应及时签发监理通知单，要求施工单位整改。监理通知单由专业监理工程师或总监理工程师签发。监理人员发现可能造成质量事故的重大隐患或已发生质量事故的，总监理工程师应签发工程暂停令。因建设单位原因或非施工单位原因引起工程暂停的，在具备复工条件时，应及时签发工程复工令，指令施工单位复工。所有这些指令和记录，要作为主要的技术资料存档备查，作为今后解决纠纷的重要依据。

5. 工程变更的控制

施工过程中，由于前期勘察设计的原因或由于外界自然条件的变化，未探明的地下障碍物、管线、文物、地质条件不符等，以及施工工艺方面的限制、建设单位要求的改变，均会涉及工程变更。做好工程变更的控制工作，是工程质量控制的一项重要内容。工程变更单由提出单位填写，写明工程变更原因、工程变更内容，并附必要的附件，包括：工程变更的依据、详细内容、图纸等；对工程造价工期的影响程度分析，以及对功能安全影响的分析报告。

对于施工单位提出的工程变更，项目监理机构可按下列程序处理：

（1）总监理工程师组织专业监理工程师审查施工单位提出的工程变更申请，提出审查意见。对涉及工程设计文件修改的工程变更，应由建设单位转交原设计单位修改工程设计文件。必要时，项目监理机构应建议建设单位组织设计、施工等单位召开论证工程设计文件修改方案的专题会议。

（2）总监理工程师组织专业监理工程师对工程变更费用及工期影响做出评估。

（3）总监理工程师组织建设单位、施工单位等协商确定工程变更费用及工期变化，会签工程变更单。

（4）项目监理机构根据批准的工程变更文件监督施工单位实施工程变更。

施工单位提出工程变更的情形一般有：图纸出现错、漏、碰、缺等缺陷而无法施工；图纸不便施工，变更后更经济、方便；采用新材料、新产品、新工艺、新技术的需要；施工单位考虑自身利益为费用索赔而提出工程变更。

施工单位提出的工程变更，当为要求进行某些材料、工艺、技术等方面的修改时即根据施工现场具体条件和自身的技术、经验和施工设备等，在不改变原设计文件原则的前提下，提出的对设计图纸和技术文件的某些技术上的修改要求，例如，对某种规格的钢筋采用替代规格的钢筋、对基坑开挖边坡的修改等。应在工程变更单及其附件中说明要求修改的内容及原因或理由，并附上有关文件和相应图纸。经各方同意签字后，由总监理工程师组织实施。

当施工单位提出的工程变更要求对设计图纸和设计文件所表达的设计标准、状态有改变或修改时，项目监理机构经与建设单位、设计单位、施工单位等研究并做出变更决定后，由建设单位转交原设计单位修改工程设计文件，再由总监理工程师签发工程变更单，并附设计单位提交的修改后的工程设计图纸交施工单位按变更后的图纸施工。

建设单位提出的工程变更，可能是由于局部调整使用功能，也可能是方案阶段考虑不周，项目监理机构应对于工程变更可能造成的设计修改、工程暂停返工损失、增加工程造价等进行全面的评估，为建设单位正确决策提供依据，避免工程反复和浪费。对于设计单位要求的工程变更，应由建设单位将工程变更设计文件下发项目监理机构，由总监理工程师组织实施。

如果变更涉及项目功能、结构主体安全，该工程变更还要按有关规定报送施工图原审查机构及管理部门进行审查与批准。

6. 质量记录资料的管理

质量记录资料是施工单位进行工程施工或安装期间，实施质量控制活动的记录，还包括对这些质量控制活动的意见及施工单位对这些意见的答复，它详细地记录了工程施工阶段质量控制活动的全过程。因此，它不仅在工程施工期间对工程质量的控制有重要作用，而且在工程竣工和投入运行后，对于查询和了解工程建设的质量情况，以及工程维修和管理提供大量有用的资料与信息。质量记录资料包括以下三方面内容：

（1）施工现场质量管理检查记录资料。

（2）工程材料质量记录。

（3）施工过程作业活动质量记录资料。

施工质量记录资料应真实、齐全、完整，相关各方人员的签字齐备、字迹清楚、结论明确，与施工过程的进展同步。监理资料的管理应由总监理工程师负责，并指定专人具体实施。

二、实体形成过程各阶段的质量控制的主要内容

1. 事前质量控制内容

事前质量控制是指正式开工前所进行的质量控制工作，其具体内容包括以下方面：

（1）承包人资质审核。主要包括：

1）检查工程技术负责人是否到位。

2）审查分包单位的资质等级。

（2）施工现场的质量检验、验收。包括：

1）现场障碍物的拆除、迁建及清除后的验收。

2）现场定位轴线、高程标桩的测设验收。

3）基准点、基准线的复核、验收等。

（3）负责审查批准承包人在工程施工期间提交的各单位工程和部分工程的施工措施计划方法及施工质量保证措施。

（4）督促承包人建立和健全质量保证体系，组建专职的质量管理机构，配备专职的质量管理人员。承包人现场应设置专门的质量检查机构和必要的试验条件，配备专职的质量检查、试验人员，建立完善的质量检查制度。

（5）采购材料和工程设备的检验与交货验收。承包人负责采购的材料和工程设备，应由承包人会同现场监理人进行检验与交货验收，检验材质证明和产品合格证书。

（6）工程观测设备的检查。现场监理人需检查承包人对各种观测设备的采购、运输、保存、安装、埋设、观测和维护等。其中观测设备的率定、安装、埋设和观测等均必须在有现场监理人员在场的情况下进行。

（7）施工机械的质量控制：

1）凡直接危及工程质量的施工机械，如混凝土搅拌机、振动器等，应按技术说明书查验其相应的技术性能，不符合要求的，不能在工程中使用。

2）施工中使用的衡器、量具、计量装置应有相应的技术合格证，使用时应完好并不超过它们的校验周期。

2. 事中控制的内容

（1）监理人有权对全部工程的所有部位及其任何一项工艺、材料和工程设备进行检查与检验也可随时提出要求，在制造地、装配地储存地点、现场、合同规定的任何地点进行检查、测量和检验，以及查阅施工记录。承包人应提供通常需要的协助，包括劳务、电力、燃料、备用品、装置和仪器等。承包人也应按照监理人的指示，进行现场取样试验、工程复核测量和设备性能检测，提供试验样品、试验报告和测量成果，以及监理人要求进行的其他工作。监理人的检查和检验不解除承包人按合同规定应负的责任。

（2）施工过程中承包人应对工程项目的每道施工工序认真进行检查，并应把自行检查结果报送监理人备查，重要工程或关键部位承包人自检结果核准后才能进行下一道工序施工。如果监理人认为必要时，也可随时进行抽样检验，承包人必须提供抽查条件。如抽查结果不符合合同规定，必须进行返工处理，处理合格后，方可继续施工；否则，将按质量事故处理。

（3）依据合同规定的检查和检验，应由监理人与承包人按商定的时间和地点共同进行检查与检验。

（4）隐蔽工程和工程隐蔽部位的检查。包括：

1）覆盖前的检查。经承包人的自行检查确认隐蔽工程或工程的隐蔽部位具备覆盖条件的在约定的时间内，承包人应通知监理人进行检查。如果监理人未按约定时间到场检查、拖延或无故缺席，造成工期延误，承包人有权要求延长工期和赔偿其停工或窝工损失。

2）虽然经监理人检查，并同意覆盖，但事后对质量有怀疑时，监理人仍可要求承包人对已覆盖的部位进行钻孔探测，以至揭开重新检验承包人应遵照执行；当承包人未及时通知监理人或监理人未按约定时间派人到场检查时，承包人私自将隐蔽部位覆盖，监理人有权指示承包人进行钻孔探测或揭开检查，承包人应遵照执行。

（5）不合格工程材料和工程设备的处理。在工程施工中禁止使用不符合合同规定的等级质量标准和技术特性的材料及工程设备。

（6）行使质量监督权，下达停工令。出现下述情况之一者，监理人有权发布停工通知：

1）未经检验即进入下一道工序作业者。

2）擅自采用未经认可或批准的材料者。

3）擅自将工程转包。

4）擅自让未经同意的分包商进场作业者。

5）没有可靠的质量保证措施贸然施工，已出现质量下降征兆者。

6）工程质量下降，经指出后未采取有效改正措施，或采取了一定措施而效果不好，继续作业者。

7）擅自变更设计图纸要求者等。

（7）行使好质量否决权，为工程进度款的支付签署质量认证意见。

3. 事后质量控制的内容

（1）审核完工资料。

（2）审核施工承包人提供的质量检验报告及有关技术性文件。

（3）整理有关工程项目质量的技术文件，并编目、建档。

（4）评价工程项目质量状况及水平。

（5）组织联动试车等。

第三节　水利工程施工质量验收

工程施工质量验收是指工程施工质量在施工单位自行检查评定合格的基础上，由工程质量验收责任方组织，工程建设相关单位参加，对单元、分部、单位工程及其隐蔽工程的质量进行抽样检验，对技术文件进行审核，并根据设计文件和相关标准以书面形式对工程质量是否达到合格做出确认。工程施工质量验收是工程质量控制的重要环节。工程项目划分时，应按从大到小的顺序进行，这样有利于从宏观上进行项目评定的规划，不至于在分期实施过程中，从低到高评定时出现层次级别和归类上的混乱。

一、水利水电工程施工质量检验的要求

1. 施工质量检验的基本要求

（1）承担工程检测业务的检测机构应具有水行政主管部门颁发的资质证书。

（2）工程施工质量检验中使用的计量器具、试验仪器仪表及设备等应定期进行检定，并具备有效的检定证书。国家规定需强制检定的计量器具应经县级以上计量行政部门认定的计量检定机构或其授权设置的计量检定机构进行检定。

（3）检测人员应熟悉检测业务，了解被检测对象性质和所用仪器设备性能，经考核合格后，持证上岗。参与中间产品及混凝土（砂浆）试件质量资料复核的人员应具有工程师以上工程系列技术职称，并从事过相关试验工作。

（4）工程中永久性房屋、专用公路、专用铁路等项目的施工质量检验与评定可按相应行业标准执行。

（5）项目法人、监理、设计、施工和工程质量监督等单位根据工程建设需要，可委托具有相应资质等级的水利工程质量检测机构进行工程质量检测。对已建工程质量有重大分歧时，由项目法人委托第三方具有相应资质等级的质量检测机构进行检测，检测数量视需要确定，检测费用由责任方承担。

（6）对涉及工程结构安全的试块、试件及有关材料，应实行见证取样。见证取样资料由施工单位制备，记录应真实、齐全，参与见证取样人员应在相关文件上签字。

（7）工程中出现检验不合格的项目时，按以下规定进行处理：

1）原材料、中间产品一次抽样检验不合格时，应及时对同一取样批次另取2倍数量进行检验。如仍不合格，则该批次原材料或中间产品应当定为不合格，不得使用。

2）单元（工序）工程质量不合格时，应按合同要求进行处理或返工重做并经重新检验且合格后方可进行后续工程施工。

3）混凝土（砂浆）试件抽样检验不合格时，应委托具有相应资质等级的质量检测机构对相应工程部位进行检验。如仍不合格，由项目法人组织有关单位进行研究，并提出处理意见。

4）工程完工后的质量抽检不合格或其他检验不合格的工程，应按有关规定进行处理，合格后才能进行验收或后续工程施工。

2. 新规程对施工过程中参建单位的质量检验职责的主要规定

（1）施工单位应当依据工程设计要求、施工技术标准和合同约定等，确定检验项目及数量并进行自检，自检过程应当有书面记录。

（2）项目法人应对施工单位自检和监理单位抽检过程进行督促检查，对报工程质量监督机构核备核定的工程质量等级进行认定。

（3）工程质量监督机构应对项目法人监理、勘测、设计、施工单位及工程其他参建单位的质量行为和工程实物质量进行监督检查。检查结果应当按有关规定及时公布，并书面通知有关单位。

（4）临时工程质量检验及评定标准，由项目法人组织监理、设计及施工等单位根据工程特点，并报相应的工程质量监督机构核备。

（5）质量检验包括施工准备检查，原材料与中间产品质量检验，水工金属结构、启闭机及机电产品质量检查，单元（工序）工程质量检验，质量事故检查和质量缺陷备案，工程外观质量检验等。

（6）质量缺陷备案表由监理单位组织填写，内容应真实、全面、完整。各工程参建单位代表应在质量缺陷备案表上签字，若有不同意见应明确记载。质量缺陷备案表应及时报工程质量监督机构备案。质量缺陷备案资料按竣工验收的标准制备。

二、水利水电工程施工质量评定

质量评定时，应按从低层到高层的顺序依次进行，这样可以从微观上按照施工工序和有关规定，在施工过程中把好质量关，由低层到高层逐级进行工程质量控制和质量检验等。其评定的顺序是：单元工程、分部工程、单位工程、工程项目。新规程规定水利水电工程施工质量等级分为"合格""优良"两级。合格标准是工程验收标准，优良等级是为工程项目质量创优而设置的。

（一）新规程水利水电工程施工质量等级评定的主要依据

1. 国家及相关行业技术标准。

2. 经批准的设计文件、施工图纸、金属结构设计图样与技术条件、设计修改通知书、厂家提供的设备安装说明书及有关技术文件。

3. 工程承发包合同中约定的技术标准。

4. 工程施工期及试运行期的试验和观测分析成果。

（二）新规程有关施工质量合格标准

1. 单元（工序）工程施工质量合格标准

单元工程按工序划分情况，分为划分工序单元工程和不划分工序单元工程。

划分工序的单元工程进行施工质量评定，应先进行其各工序的施工质量评定，在工序验收评定合格和施工项目实体质量检验合格的基础上，再进行单元工程施工质量验收评定。不划分工序单元工程的施工质量验收评定，在单元工程中所包含的检验项目检验合格和施工项目实体质量检验合格的基础上进行。工序和单元工程施工质量等各类项目的检验，应采用随机布点和监理工程师现场指定区位相结合的方式进行。工序和单元工程施工质量验收评定表及其备查资料的制备由工程施工单位负责，其规格宜采用国际标准 A4 纸（210

mm×297 mm），验收评定表一式 4 份，备查资料一式 2 份，其中验收评定表及其备查资料 1 份应由监理单位保存，其余应由施工单位保存。

（1）工序施工质量评定合格的标准如下：主控项目，检验结果应全部符合本标准的要求；一般项目，逐项应有 70% 及以上的检验点合格，且不合格点不应集中。

不划分工序单元工程施工质量评定合格的标准如下：主控项目，检验结果应全部符合本标准的要求；一般项目，逐项应有 70% 及以上的检验点合格，且不合格点不应集中。

（2）单元（工序）工程质量达不到合格标准时，应及时处理。处理后的质量等级按下列规定重新确定：

1）全部返工重做的，可重新评定质量等级。

2）经加固补强并经设计和监理单位鉴定能达到设计要求时，其质量评为合格。

3）处理后的工程部分质量指标仍达不到设计要求时，经设计复核，项目法人及监理单位确认能满足安全和使用功能要求的，可不再进行处理；经加固补强后，改变了外形尺寸或造成工程永久性缺陷的，经项目法人、监理及设计单位等确认能基本满足设计要求的，其质量可定为合格，但应按规定进行质量缺陷备案。

2. 分部工程施工质量合格标准

（1）所含单元工程的质量全部合格。质量事故及质量缺陷已按要求处理，并经检验合格。

（2）原材料、中间产品及混凝土（砂浆）试件质量全部合格，金属结构及启闭机制造质量合格，机电产品质量合格。

3. 单位工程施工质量合格标准

（1）所含分部工程质量全部合格。

（2）质量事故已按要求进行处理。

（3）工程外观质量得分率达到 70% 以上。

（4）单位工程施工质量检验与评定资料基本齐全。

（5）工程施工期及试运行期，单位工程观测资料分析结果符合国家和行业技术标准及合同约定的标准要求。

4. 工程项目施工质量合格标准

（1）单位工程质量全部合格。

（2）工程施工期及试运行期，各单位工程观测资料分析结果均符合国家和行业技术标准及合同约定的标准要求。

（三）新规程有关施工质量优良标准

1. 单元工程施工质量优良标准

全部返工重做的单元工程，经检验达到优良标准时，可评为优良等级。单元工程中的工序分为主要工序和一般工序。其中：

（1）工序施工质量评定优良的标准如下：

1）主控项目，检验结果应全部符合本标准的要求。

2）一般项目，逐项应有90%及以上的检验点合格，且不合格点不应集中。

（2）划分工序单元工程施工质量评定优良的标准如下：

各工序施工质量验收评定应全部合格，其中优良工序应达到50%及以上，且主要工序应达到优良等级。

（3）不划分工序单元工程施工质量评定优良的标准如下：

1）主控项目，检验结果应全部符合本标准的要求。

2）一般项目，逐项应有90%及以上的检验点合格且不合格点不应集中。

2. 分部工程施工质量优良标准

（1）所含单元工程质量全部合格，其中70%以上达到优良等级，主要单元工程以及重要隐蔽单元工程（关键部位单元工程）质量优良率达90%以上，且未发生过质量事故。

（2）中间产品质量全部合格，混凝土（砂浆）试件质量达到优良等级（当试件组数小于30时，试件质量合格）。原材料质量、金属结构及启闭机制造质量合格，机电产品质量合格。

3. 单位工程施工质量优良标准

（1）所含分部工程质量全部合格，其中70%以上达到优良等级，主要分部工程质量全部优良，且施工中未发生过较大质量事故。

（2）质量事故已按要求进行处理。

（3）外观质量得分率达到85%以上。

（4）单位工程施工质量检验与评定资料齐全。

（5）工程施工期及试运行期，单位工程观测资料分析结果符合国家和行业技术标准以及合同约定的标准要求。

4. 工程项目施工质量优良标准

（1）单位工程质量全部合格，其中70%以上单位工程质量达到优良等级，且主要单位工程质量全部优良。

（2）工程施工期及试运行期，各单位工程观测资料分析结果均符合国家和行业技术标准及合同约定的标准要求。

第四节　水利工程质量问题与质量事故的处理

一、水利工程质量事故分类与事故报告内容

1.一般质量事故指对工程造成一定经济损失，经处理后不影响正常使用并不影响使用寿命的事故。

2.较大质量事故指对工程造成较大经济损失或延误较短工期，经处理后不影响正常使用但对工程使用寿命有一定影响的事故。

3.重大质量事故指对工程造成重大经济损失或较长时间延误工期，经处理后不影响正常使用但对工程使用寿命有较大影响的事故。

4.特大质量事故指对工程造成特大经济损失或长时间延误工期，经处理仍对正常使用和工程使用寿命有较大影响的事故。

5.小于一般质量事故的质量问题称为质量缺陷。

因抢救人员、疏导交通等原因需移动现场物件时应做出标志、绘制现场简图并做出书面记录，妥善保管现场重要痕迹、物证，并进行拍照或录像。

发生质量事故后，项目法人必须将事故的简要情况向项目主管部门报告。项目主管部门接到事故报告后，按照管理权限向上级水行政主管部门报告。发生（发现）较大质量事故重大质量事故、特大质量事故，事故单位要在48 h内向有关单位提出书面报告。有关事故报告应包括以下主要内容：

（1）工程名称、建设地点、工期，项目法人、主管部门及负责人电话。

（2）事故发生的时间、地点、工程部位及相应的参建单位名称。

（3）事故发生的简要经过、伤亡人数和直接经济损失的初步估计。

（4）事故发生原因初步分析。

（5）事故发生后采取的措施及事故控制情况。

（6）事故报告单位、负责人以及联络方式。

二、水利工程质量事故调查的程序与处理的要求

1.水利工程质量事故调查

（1）发生质量事故，要按照规定的管理权限组织调查组进行调查，查明事故原因，提出处理意见，提交事故调查报告。事故调查组成员实行回避制度。

（2）事故调查管理权限按以下原则确定：

1）一般事故由项目法人组织设计、施工、监理等单位进行调查，调查结果报项目主管部门核备。

2）较大质量事故由项目主管部门组织调查组进行调查，调查结果报上级主管部门批准并报省级水行政主管部门核备。

3）重大质量事故由省级以上水行政主管部门组织调查组进行调查，调查结果报水利部核备。

（3）事故调查的主要任务：

1）查明事故发生的原因、过程、经济损失情况和对后续工程的影响。

2）组织专家进行技术鉴定。

3）查明事故的责任单位和主要责任人应负的责任。

4）提出工程处理和采取措施的建议。

5）提出对责任单位和责任人的处理建议。

6）提出事故调查报告。

（4）事故调查组有权向事故单位、各有关单位和个人了解事故的有关情况。有关单位和个人必须实事求是地提供有关文件或材料，不得以任何方式阻碍或干扰调查组正常工作。

（5）事故调查组提出的事故调查报告经主持单位同意后，调查工作即告结束。

2.水利工程质量事故处理的要求

（1）质量事故处理原则

发生质量事故，必须坚持"事故原因不查清楚不放过、主要事故责任者和职工未受教育不放过、补救和防范措施不落实不放过。责任人未受处理不放过"的原则，认真调查事故原因。研究处理措施、查明事故责任，做好事故处理工作。

（2）质量事故处理职责划分

发生质量事故后，必须针对事故原因提出工程处理方案，经有关单位审定后实施。

1）一般质量事故，由项目法人负责组织有关单位制订处理方案并实施，报上级主管部门备案。

2）较大质量事故，由项目法人负责组织有关单位制订处理方案，经上级主管部门审定后实施，报省级水行政主管部门或流域备案。

3）重大质量事故，由项目法人负责组织有关单位提出处理方案，征得事故调查组意见后，报省级水行政主管部门或流域机构审定后实施。

4）特大质量事故，由项目法人负责组织有关单位提出处理方案，征得事故调查组意见后，报省级水行政主管部门或流域机构审定后实施，并报水利部备案。

3. 事故处理中设计变更的管理

事故处理需要进行设计变更的，需原设计单位或有资质的单位提出设计变更方案。需要进行重大设计变更的，必须经原设计审批部门审定后实施。

事故处理完毕后，必须按照管理权限经过质量评定与验收后，方可投入使用或进入下一阶段施工。

4. 质量缺陷的处理

所谓"质量缺陷"，是指小于一般质量要求的质量问题，即因特殊原因，使得工程个别部位或局部达不到规范和设计要求（不影响使用）且未能及时进行处理的工程质量问题（质量评定仍为合格）。

（1）对因特殊原因，使得工程个别部位或局部达不到规范和设计要求（不影响使用），且未能及时进行处理的工程质量缺陷问题（质量评定仍为合格），必须以工程质量缺陷备案形式进行记录。

（2）质量缺陷备案的内容包括：质量缺陷产生的部位，原因，对质量缺陷是否处理和如何处理，对建筑物使用的影响等。内容必须真实、全面、完整，参建单位（人员）必须在质量缺陷备案表上签字，有不同意见应明确记录。

（3）质量缺陷备案资料必须按竣工验收的标准制备，作为工程竣工验收备查资料存档。质量缺陷备案表由监理单位组织填写。

三、水利工程施工安全管理

安全生产管理责任是因生产经营活动而产生的责任，是企业责任的一种，同时也包含于其他企业责任之中。简单来讲，安全生产管理责任是指企业必须为其在生产经营过程中所发生的安全问题承担管理责任，主要包括安全生产经济责任、安全生产法律责任、安全生产道德责任和安全生产生态责任。安全生产管理责任不是一种单纯的责任，而是一系列过程责任的总和，其内涵蕴含于各种企业责任之中。企业只有在承担安全生产管理责任的前提下，才能更好地承担其他责任和义务。

安全目标管理的实施过程分为4个阶段，即目标的制定、目标的分解、目标的实施与目标的评价考核。

（一）安全生产目标的制订

水利施工企业应建立安全生产目标管理制度，制订包括人员伤亡、机械设备安全、交通安全等控制目标，安全生产隐患治理目标，以及环境与职业健康目标等在内的安全生产总目标和年度目标，做好目标具体指标的制订、分解、实施、考核等环节工作。实施具体项目的施工单位应根据相关法律法规和施工合同约定，结合本工程项目安全生产实际，组织制订项目安全生产总体目标和年度目标。

1. 目标制订原则

水利施工企业应结合企业生产经营特点，科学分析，按以下原则制订：

（1）突出重点，分清主次。安全生产目标制订不能面面俱到，应突出事故伤亡率、财产损失额、隐患治理率等重要指标，同时注意次要目标对重点目标的有效结合。

（2）安全目标具有综合性、先进性和适用性。制订的安全管理目标，既要保证上级下达任务的完成，又要考虑企业各部门、各项目部及每个职工的承担能力，使各方都能接受并努力完成。一般来说，制订的目标要略高于实际的能力与水平，使之经过努力可以完成，但不能高不可攀、不切实际，也不能低而不费力，容易达到。

（3）目标的预期结果具体化、定量化。利于同期比较，易于检查、评价与考核。

（4）坚持目标与保证目标实现的统一性。为使目标管理更具有科学性、针对性和有效性，在制订目标时必须有保证目标实现的措施，使措施为目标服务。

2. 目标制订依据

安全生产目标应尽可能量化，便于考核。目标制订时应考虑下列因素：

（1）国家的有关法律法规、规章、制度和标准的规定及合同约定。

（2）水利行业安全生产监督管理部门的要求。

（3）水利行业安全技术水平和项目特点。

（4）本企业中长期安全生产管理规划和本企业的经济技术条件与安全生产工作现状。

（5）采用的工艺与设施设备状况等。

3. 目标主要内容

安全生产目标应经单位主要负责人审批，并以文件的形式发布，安全生产目标应主要包括但不限于下列内容：

（1）生产安全事故控制目标。

（2）安全生产投入目标。

（3）安全生产教育培训目标。

（4）安全生产事故隐患排查治理目标。

（5）重大危险源监控目标。

（6）应急管理目标。

（7）文明施工管理目标。

（8）人员、机械、设备、交通、消防、环境和职业健康等方面的安全管理控制指标等。

（二）安全生产目标的分解与实施

水利施工企业应制定安全生产目标管理计划，其主要内容应包括安全生产目标值、保证措施、完成时间和责任人等。水利施工企业应加强内部目标管理，实行分级管理，应逐级分解到各管理层、职能部门及相关人员，逐级签订安全生产目标责任书。

水利施工企业针对具体项目的安全生产目标管理计划，应经监理单位审核，项目法人同意，由项目法人与施工单位签订安全生产目标责任书。工程建设情况发生重大变化，致使目标管理难以按计划实施的，应及时报告，并根据实际情况，调整目标管理计划，并重新备案或报批。

1. 安全生产目标的实施保障

安全生产目标是由上而下层层分解，实施保障是由下而上层层保证。水利水电施工企业各级组织和人员应采取以下措施保障安全生产目标的实现：

（1）宣传教育。应落实宣传教育的具体内容、时间安排、参加人员，采取有效的办法增强各级主体的责任意识，使安全生产目标深入人心。

（2）监督检查。企业应当对安全生产目标的落实情况进行有效的监督、指导、协调和控制，责任制的各级主体应定期深入下级部门，了解和检查目标完成情况，及时纠偏、调整安全生产目标实施计划，交换工作意见，并进行必要的具体指导。

（3）自我管理。安全目标的实施还需要依靠各级组织和员工的自我管理、自我控制，各部门各级人员的共同努力和协作配合，通过有效的协调处理各阶段、各部门间的矛盾，保证目标按计划顺利进行。

（4）考核评比。安全生产目标的实施必须与经济挂钩，企业应当在检查的基础上定期组织目标达标考核和安全评比活动，奖优惩劣，提高员工参与安全管理积极性。

2. 安全生产目标管理过程的注意事项

水利施工企业在安全目标管理过程中应当重点注意以下几点：

（1）要加强各级人员对安全目标管理的认识。企业管理层尤其是主要负责人对安全目标管理要有深刻的认识，要深入调查研究，结合本单位实际情况，制订企业的总目标，并参加全过程的管理，负责对目标实施进行指挥、协调；要加强对中层和基层干部的思想教育，提高他们对安全目标管理重要性的认识和组织协调能力，这是总目标实现的重要保证；还要加强对员工的宣传教育，普及安全目标管理的基本常识与方法，充分发挥员工在目标管理中的作用。

（2）企业要有完善的系统的安全基础工作。企业安全基础工作的水平，直接关系着安全目标制订的科学性、先进性和客观性。制订可行的目标管理指标和保证措施，需要企业有完善的安全管理基础资料和监测数据能力。

（3）安全目标管理需要全员参与。安全目标管理是以目标责任者为主的自主管理，是通过目标的层层分解、措施的层层落实来实现的。将目标落实到每个人身上，渗透到每个环节，使每个员工在安全管理上都承担一定目标责任。所以，必须充分发动群众，将企业的全体员工科学地组织起来，实行全员、全过程、全方位参与，才能保证安全目标的有效实现。

（4）安全目标管理需要责、权、利相结合。实施安全目标管理时要明确员工在目标管理中的职责,没有职责的责任制只是流于形式。同时,要根据目标责任大小和完成任务的需要给予他们在日常管理上的权力,还要给予他们应得的利益,责、权、利的有机结合才能调动广大员工的积极性和持久性。

（5）安全目标管理要与其他安全管理方法相结合。安全目标管理是综合性很强的科学管理方法,它是企业安全管理的"纲",是一定时期内企业安全管理的集中体现。在实现安全目标过程中,要依靠和发挥各种安全管理方法的作用,如制订安全技术措施计划、开展安全教育和安全检查等。只有两者有机结合,才能使企业的安全管理工作做得更好。

（三）安全生产目标的评价与考核

安全生产目标评价与考核是对实际取得的目标成果做出的客观评价,对达到目标的应给予奖励,对未达到目标的应给予惩罚,从而使先进受到鼓舞,落后得到激励,进一步调动全体员工追求更高目标的积极性。通过考评还可以总结经验和教训,发扬优势,解决存在的问题,明确前进的方向,为改进下个周期安全生产目标管理提供依据,打下基础。水利施工企业应制订安全生产目标考核管理办法,至少每季度一次对本单位安全生产目标的完成情况进行自查和评估,涉及施工项目的自查报告应当报监理单位和项目法人备案。水利施工企业至少在年终对安全生产目标完成情况进行考核,并根据考核结果,按照考核管理要求进行奖惩。

第六章 防汛抢险技术分析

防汛工作事关全局又极其复杂，且具有长期性、连续性的特点，如果防汛工作事前没有周密的计划和准备，一旦发生洪水容易形成被动情况，甚至导致极大损失。本章主要针对防汛抢险的技术进行分析，以供参考。

第一节 洪涝灾害

中国幅员辽阔，水资源时空分布不均匀，水土资源的不合理开发、国民经济的快速发展、人们生活质量的不断提高、江河的自然演变使中国水利的未来形势仍很严峻。特别是随着全球气候变暖，极端天气事件带来的水害将更加频繁和严重，因此防洪抢险工作任重而道远。

中国水资源所面临的三大问题是：洪涝灾害、干旱缺水和环境恶化。中国是世界上洪水危害最为严重的国家之一。中国水害的基本特点如下。

中国位于亚欧大陆的东南部，东临太平洋，西北深入亚欧大陆腹地，西南与南亚次大陆接壤。全国降水随着距海洋的远近和地势的高低而有着显著的变化。按照年降水量400mm等值线，从东北到西南，经大兴安岭、呼和浩特、兰州，绕祁连山，过拉萨，到日喀则，斜贯大陆，将国土分为东西相等的两部分。在此线以西为集中干旱地区，年降水量200~400mm，有的不足100mm，年蒸发量大，常年干旱；在此线以东为洪涝多发地区，东南季风直达区内，年降水量由西向东递增，大多为800~1600mm，沿海一带可达2000mm。

中国绝大多数河流分布在东部多雨地区，随着地势降低自西向东汇集，径流洪水自西向东递增，中国长江、黄河、淮河、海河、辽河、松花江、珠江等七大江河大多数分布在这个地带，各大江河中下游100多万km²的国土面积，集中了全国半数以上的人口和70%的工农业产值，这些地区地面有不少处于江河洪水位以下，易发生洪涝灾害，历来是防御洪水的重点地区。

中国大部分属于北温带季风区，随着季风的有无，降水量具有明显的季节性变化。全国各地雨季由南向北变化，如华南地区雨季始于每年4月，长江中下游雨季始于6月，而淮河以北地区则始于7月。到8月下旬以后，雨季又逐渐返回南方，雨季自北向南先后结束。中国东部沿海地区在每年夏、秋季常受西太平洋的热带气候影响，引发暴雨洪水。

大江大河能否安澜，直接影响着人民生命财产的安全，直接关系着中华民族的兴亡，对此，人们已达成高度共识。同时，由于强对流天气等极端天气事件造成的区域性山洪同样不能忽视，其引发的泥石流山体滑坡和溪河洪水，给局部地区带来的洪灾往往是毁灭性的。由于山洪具有强度大、历时短、范围小的特点，通常都是突发性的，往往难以预报和抵御。

地面植被起着拦截雨水、调蓄地面径流的作用，但由于人类滥伐森林、盲目开垦山地，地面植被不断遭到破坏，加剧了水土流失。中国随着社会经济高速发展和人口不断增长，城市化进程快速推进，人们不断与湖争地，中国湖泊的水面积不断缩小，很多湖泊已经消失。由于围湖造田，湖泊调蓄径流能力降低，增加了堤防的防洪负担。此外，河道违法设障，围垦河道滩地的情况也相当普遍。

第二节　洪水概述

一、洪水概念

洪水是指江湖在较短时间内发生的流量急剧增加、水位明显上升的水流现象。洪水来势凶猛，具有很大的自然破坏力，淹没河中滩地，毁坏两岸堤防等水利工程设施。因此，研究洪水特性，掌握其变化规律，积极采取防御措施，尽量减小洪灾损失，是研究洪水的主要目的。

（一）洪水的分类和特征

洪水按成因和地理位置的不同，可分为暴雨洪水、融雪洪水、冰凌洪水以及溃坝洪水等。海啸、风暴潮等也可能引起洪水灾害，各类洪水都具有明显的季节性和地区性特点。中国大部分地区以暴雨洪水为主，但对中国沿海的海南、广东、福建、浙江等而言，热带气旋引发的洪水也较为常见，而对于黄河流域、东北地区而言，冰凌洪水经常发生。

（二）洪水三要素

1. 洪峰流量

在一次洪水过程中，通过河道的流量由小到大，再由大到小，其中最大的流量称为洪峰流量 Q_m。在岩石河床或比较稳定的河床，最高洪水位出现时间一般与洪峰流量出现的时间相同。

2. 洪水总量

洪水总量是指一次洪水通过河道某一断面的总水量。洪水总量按时间长度进行统计，如 1d 洪水总量、3d 洪水总量、5d 洪水总量等。

3. 洪水历时

洪水历时是指在河道的某一断面上，一次洪水从开始涨水到洪峰，再到落平所经历的时间。洪水历时与暴雨持续时间和空间特性、流域特性有关。洪峰传播时间是指自河段上游某断面洪峰出现到河段下游某断面洪峰出现所经历的时间。在调洪中，常利用洪峰传播时间进行错峰调洪，也可以进行洪水预报。

（三）洪水等级

洪水等级按洪峰流量重现期划分为以下四级：

一般洪水：5~10 年一遇；

较大洪水：10~20 年一遇；

大洪水：20~50 年一遇；

特大洪水：大约 50 年一遇。

二、洪水类型

（一）暴雨洪水

暴雨洪水是指由暴雨通过产流、汇流在河道中形成的洪水。暴雨洪水在中国发生很频繁。

1. 暴雨洪水的成因

暴雨洪水历时长短视流域大小、下垫面情况与河道坡降等因素而定。洪水大小不仅同暴雨量级关系密切，还与流域面积、土壤干湿程度、植被、河网密度、河道坡降以及水利工程设施有关。在相同的暴雨条件下，河道坡度越陡，承受的雨水越多，洪水越大；在相同暴雨情况和相同流域面积条件下，河道坡度越陡、河网越密，雨水汇流越快，洪水越大。如果暴雨发生前土壤干旱，吸水较多，形成的洪水较小。

2. 暴雨洪水的特性

在中国，暴雨具有明显的季节性和地区性特点，年际变化也很大。全流域的大洪水，主要由东南季风和热带气旋带来的集中降雨产生；区域性的洪水，主要由强对流天气引发的短历时降雨产生。

对于一次暴雨引发的洪水而言，其洪水过程一般有起涨、洪峰出现和落平三个阶段。山区河流河道坡度陡、流速大，洪水易暴涨暴落；平原河流河道坡度缓、流速小，洪峰不明显，退潮也慢。大江大河流域面积大，由于接纳支流众多，洪水往往出现多峰，而中小流域常为单峰。持续降雨往往出现多峰，单次降雨则为单峰。

（二）融雪洪水

融雪洪水是指流域内积雪（冰）融化形成的洪水。高寒积雪地区，当气温回升至0℃以上，积雪融化，形成融雪洪水。若此时有降雨发生，则形成雨雪混合洪水。融雪洪水主要发生在大量积雪或冰川发育的地区，如中国的新疆与黑龙江等地区。

（三）冰凌洪水

冰凌洪水是河流中因冰凌阻塞、水位升高或槽蓄水量迅速下泄而引起显著的涨水现象。如黄河宁蒙河段、山东河段，以及松花江等江河，进入冬季后，河道下游封冻早于上游。按洪水成因，冰凌洪水分为冰塞洪水、冰坝洪水和融冰洪水。河道封冻后，冰盖下冰花、碎冻大量堆积形成冰塞堵塞部分河道断面，致使上游水位显著升高，此为冰塞洪水；在开河期，大量流冰在河道内受阻，冰块上爬下插，堆积成横跨过水断面的坝状冰体，造成上游水位升高，当冰坝承受不了上游冰、水压力时便遭受破坏，迅速下泄，此为冰坝洪水；封冻河段因气温升高使冰盖逐渐融解时，河槽蓄水缓慢下泄形成洪水，此为融冰洪水。

（四）山洪

山洪是指流速大，过程短暂，往往挟带大量泥沙、石块，突然破坏力很大的小面积山区洪水。山洪一般由强对流天气暴雨引发，在一定地形、地质、地貌条件下形成。在相同条件下，地面坡度越陡，表层土质越疏松，植被越差，越易于形成。山洪具有强度大，分布广，且有着很大突发性、多发性、随机性特点，对人民生命财产造成极大的危害，甚至造成毁灭性的破坏。山洪灾害可分为溪河洪水、泥石流和山体滑坡三类。

（五）泥石流

泥石流是指含饱和固体物质（泥沙、石块）的高黏性流体。泥石流一般发生在山区，暴发突然，历时短暂，洪流挟带大量泥沙、石块，来势汹涌，所到之处往往造成毁灭性破坏。

1. 泥石流形成的基本条件

（1）两岸谷坡陡峻，沟床坡降较大，并具有利于水流汇集的小流域地形。

（2）沟谷和沿程斜坡地带分布有大量松散固体物质。

（3）沟谷上中游有充沛的突发性洪水水源，如瞬时极强暴雨、气温骤高冰雪消融、湖堰溃决等产生强大的水动力。

在中国，泥石流的分布具有明显的地域特点。在西部山区，断裂发育、新构造运动强烈、地震活动性强、岩体风化破碎、植被不良、水土流失严重的地区，常是泥石流的多发区。

2. 泥石流的组成

典型的泥石流一般由以下三个地段组成：

（1）形成区（含清水区、固体物质补给区）。大多为高山环抱的扇状山间洼地，植被稀少，岩土体破碎疏松，滑坡、崩塌发育。

（2）流通区。位于沟谷中游段，往往成峡谷地形，谷底纵坡陡峻，是泥石流冲出的通道。

（3）堆积区。位于沟谷出口处，地形开阔，纵坡平缓，流速骤减，形成大小不等的扇形、锥形及垄岗地形。

3. 泥石流的分类

（1）泥石流按流体性质分为黏性泥石流、稀性泥石流、过渡性泥石流。

（2）泥石流按物质补给方式分为坡面泥石流、崩塌泥石流、滑坡泥石流、沟床泥石流、溃决泥石流。

（3）泥石流按流体中固体物质的组成分为泥石流、泥流碎石流、水石流。

（4）泥石流按发育阶段分为发展期泥石流、活跃期泥石流、衰退期泥石流、间歇（中止）期泥石流。

（5）泥石流按暴发规格（一次泥石流最大可冲出的松散固体物质总量）分特大型泥石流（大于 50 万 m^3）、大型泥石流（10 万 ~50 万 m^3）、中型泥石流（1 万 ~10 万 m^3）和小型泥石流（小于 1 万 m^3）等。

（六）山体滑坡

山体滑坡是指由于山体破碎，存在裂隙，节理发育，整体性差，或强风化层和覆盖层堆积较厚，浸水饱和后抗剪强度降低，在外力（洪水冲刷、地震）作用下，部分山体向下塌滑的现象。山体滑坡虽影响范围小，但具有突发性，对依山而建的居民而言，具有很大的破坏力。

（七）溃坝洪水

溃坝洪水是指水库大坝、堤防、海塘等挡水建筑物遭遇超标准洪水或发生重大险情，突然溃决发生的洪水。溃坝洪水具有突发性和破坏性大的特点，对洪水防御范围内的工农业生产和人民生命财产安全构成很大威胁。

三、洪水标准

洪水标准概念抽象，常用重现期来代替。所谓重现期，是指大于或等于某随机变量（如降雨、洪水）在长时期内平均多少年出现一次（即多少年一遇）。这个平均重现间隔期即重现期，用 N 表示。

在防洪排涝研究暴雨洪水时，频率 P（%）和重现期 N（年）存在下列关系：

N=1/P

P=1/N × 100%

例如，某水库大坝校核标准洪水的频率 P=0.1%，由上式得 N=1000 年，称 1000 年一遇洪水。即出现大于或等于 P=0.1% 的洪水，在长时期内平均 1000 年遇到一次。若遇到大于该校核标准的洪水，则不能保证大坝安全。

防洪标准是指防护对象防御相应洪水能力的标准，常用洪水的重现期表示，如 50 年一遇、100 年一遇等。

水利水电工程按其工程规模、效益及在国民经济中的重要性划分为五个等别，所属水工建筑物划分五个级别。

堤防是为了保护防护对象的防洪安全而修建的，它本身并无特殊的防洪要求，它的防洪标准应根据防护对象的要求确定：

保护大片农田：10~20 年一遇；

保护一般集镇：20~50 年一遇；

保护城市：50~100 年一遇；

保护特别重要城市：300~500 年一遇；

保护重要交通干线：50~100 年一遇。

四、黄河下游洪水

黄河下游洪水按照出现时段划分为桃、伏、秋、凌四汛。12 月至次年 2 月为凌汛期；3 至 4 月份桃花盛开之时，上中游冰雪融化，形成洪峰，称为"桃汛"；7 至 8 月暴雨集中，量大峰高，谓"伏汛"，是黄河大洪水多发及易成灾时段；9 至 10 月流域多普降大雨，形成洪峰，谓"秋汛"。伏汛、秋汛习惯上统称伏秋大汛，亦即我们常说的汛期。伏秋大汛的洪水多由黄河中游暴雨形成，发生时间短，含沙量高，水量大。黄河决口成灾情况主要发生在伏秋大汛和凌汛期。

黄河下游洪水来源有五个地区，即上游的兰州以上地区、中游的河口镇至龙门区间、龙门至三门峡区间、三门峡至花园口区间（简称河龙间、龙三间、三花间），以及下游的汶河流域。其中，中游的三个地区是黄河洪水的主要来源区，它们一般不同时遭遇，来水主要有以下三种情况：一是三门峡以上来水为主形成的大洪水，简称"上大型洪水"，其特点是洪峰高、洪量大、含沙量也大，对黄河下游威胁严重；二是三花间来水为主形成的大洪水，简称"下大型洪水"，其特点是洪水涨势猛、洪峰高、含沙量小、预见期短，对黄河下游防洪威胁最为严重；三是以三门峡以上的龙三间和三门峡以下的三花间共同来水造成，简称"上下较大型洪水"，其特点是洪峰较低，历时较长，对黄河下游防洪也有相当大的威胁。上游地区洪水洪峰小、历时长、含沙量小，与黄河中游和下游的大洪水均不遭遇。汶河大洪水与黄河大洪水一般不会相遇，但黄河的大洪水与汶河的中等洪水有同时遭遇的可能。汶河洪峰形状尖瘦、含沙量小，除威胁大清河及东平湖堤防安全外，当与黄河洪水相遇时，影响东平湖对黄河洪水的分滞洪量，从而增加山东黄河窄河段的防洪压力。

冰凌洪水只有上游的宁蒙河段和下游的花园口以下河段出现，它主要发生在河道解冰开河期间。冰凌洪水有两个特点：一是峰低、量小、历时短、水位高。凌峰流量一般为 1 000~2 000m³/s，全河最大实测值不超过 4 000m³/s；洪水总量上游一般为 5 亿~8 亿 m³，下游为 6 亿~10 亿 m³；洪水历时，上游一般为 6~9d，下游一般为 7~10d。由于河道中存在着冰凌，易卡冰结坝壅水，导致河道水位迅猛升高，在相同流量下比无冰期高得多。二是流量沿程递增。因为在河道封冻以后，沿程拦蓄部分上游来水，使河槽蓄水量不断增加，"武开河"时这部分水量被急剧释放出来，向下游推移，沿程冰水越积越多，形成越来越大的凌峰流量。

黄河是举世闻名的多沙河流，三门峡站进入下游的泥沙一年平均约 16 亿 t，平均含沙量 35kg/m³。在大量泥沙排泄入海的同时，约有四分之一的泥沙淤在河道内，使河床不断抬高，形成地上"悬河"。黄河水沙有以下主要特点：一是水少沙多，其年输沙量之多、含沙量之高居世界河流之冠。二是水沙异源。黄河泥沙 90% 来自中游的黄土高原。上游的来水量占全流域的 54%，而来沙量仅占 9%；三门峡以下的支流伊、洛、沁河的来水量占 10%，来沙量占 2% 左右，这几个地区水多沙少，是黄河的清水来源区。中游河口镇至龙门区间来水量占 14%，来沙量占 56%；龙门至潼关区间来水量占 22%，来沙量占 34%，这两个地区水少沙多，是黄河泥沙主要来源区。三是年际变化大，年内分布不均。

第三节　防汛组织工作

一、防汛组织机构

防汛抢险工作是一项综合性很强的工作，牵涉面广，责任重大，不能简单理解为水利部门的事情，必须动员全社会各方面的力量参与。防汛机构担负着发动群众，组织各方面的社会力量，进行防汛指挥决策等重大任务，并且在组织防汛工作中，还需进行多方面的联系和协调。因此，需要建立强有力的组织机构，做到统一指挥、统一行动、分工合作、同心协力共同完成防汛工作。

有防汛任务的乡（镇）也应成立防汛组织，负责所辖范围内防洪工程的防汛工作。有关部门单位可根据需要设立行业防汛指挥机构，负责本行业、本单位防汛突发事件的应对工作。

根据各地实际情况，成员还有供销社、林业局、水文局（站）、生态环境局、城市综合管理局、海事局、供电局、电信局、保险公司、石油（化）公司等部门的主要负责人。

中国海岸线很长，沿海各省、市、县（区）每年因强热带风暴、台风而引起的洪涝灾害损失极其严重。因此，相关省、市、县（区）将防台风的工作同样放在重要位置，除防汛、抗旱工作外，还要做好防台风的工作。由此机构设置的名称为防汛防风抗旱总指挥部，简称三防总指挥部，而下设的日常办事机构，则称为三防办公室。

防汛工作按照统一领导、分级分部门负责的原则，建立健全各级、各部门的防汛机构，发挥有机的协作配合，构成完整的防汛组织体系。防汛机构要做到正规化、专业化，并在实际工作中，不断完善机构的自身建设，提高防汛人员的素质，引用先进设备和技术，充分发挥防汛机构的指挥战斗作用。

二、防汛责任制

防汛工作是关系全社会各行业和千家万户的大事，是一项责任重大而复杂的工作，它直接涉及国民经济的发展和城乡人民生命财产的安全。洪水到来时，工程一旦出现险情，防汛抢险是压倒一切工作的大事，防汛工作责任重于泰山，必须建立和健全各种防汛责任制，实现防汛工作正规化和规范化，做到各项工作有章可循，所有工作各负其责。

1. 行政首长负责制

行政首长负责制是指由各级政府及其所属部门的首长对本政府或本部门的工作负全部责任的制度，这是一种适合于中国行政管理的政府工作责任制。其指地方各级人民政府实行省长市长、县长（区长）、乡长、镇长负责制。各省的防汛工作，由省长（副省长）负责，地（市）、县（区）的防汛工作，由各级市长、县（区）长（或副职）负责。

行政首长负责制是各种防汛责任制的核心，是取得防汛抢险胜利的重要保证，也是历来防汛抢险中最行之有效的措施。因此，防汛指挥机构需要政府主要负责人亲自主持，全面领导和指挥防汛抢险工作。

（1）负责制订本地区有关防洪的法规、政策；组织做好防汛宣传和思想动员工作，加强各级干部和广大群众的水患意识。

（2）根据流域总体规划，动员全社会的力量，广泛筹集资金，加快本地区防洪工程建设，不断提高抗御洪水的能力，负责督促本地区重大清障项目的完成。

（3）负责组建本地区常设防汛办事机构，协调解决防汛抗洪经费和物资等问题，确保防汛工作顺利开展。

（4）组织有关部门制订本地区主要江河、重要防洪工程、城镇及居民点的防御洪水和台风的各项措施预案（包括运用蓄滞洪区），并督促各项措施的落实。

（5）掌握本地区汛情，及时做出部署，组织指挥当地群众参加抗洪抢险，坚决贯彻执行上级的防汛调度命令。在防御洪水设计标准内，要确保防洪工程的安全；遇超标准洪水要采取一切必要措施，尽量减小洪水灾害带来的损失，切实防止因洪水而造成大量人员伤亡事故。重大情况应及时向上级报告。

（6）洪灾发生后，组织各方面力量迅速开展救灾工作，安排好群众生活，尽快恢复生产工作，修复水毁防洪工程，保持社会稳定。

（7）各级行政首长对所分管的防汛工作必须切实负起责任，确保安全度汛，防止产生重大灾害损失。因思想古板、工作疏忽或处置失当而造成重大灾害后果的，要追究相关领导责任，情节严重的要绳之以法。

2. 分级管理责任制

根据水系及水库，堤防、水闸等防洪工程所处的行政区域、工程等级、重要程度和防洪标准等，确定省、地（市）、县、乡、镇分级管理运用、指挥调度的权限责任。在统一领导下，对所管辖区域的防洪工程实行分级管理、分级调度、分级负责。

3. 部门责任制

防汛抢险工作牵涉面广，需要调动全社会各部门的力量参与，防汛指挥机构各部门（成员）单位，应按照分工情况，各司其职，责任制层层落实到位，做好防汛抗洪工作。

4. 包干责任制

为确保重点地区的水库、堤坝、水闸等防洪工程和下游保护对象的汛期安全，省、地（市）、县、乡各级政府行政负责人和防汛指挥部领导成员实行分包工程责任制，将水库、河道堤段、蓄滞洪区等工程的安全度汛责任分包，责任到人，有利于防汛抢险工作的开展。

5. 岗位责任制

汛期管好用好水利工程，特别是防洪工程，对做好防汛减少灾害发生至关重要。工程管理单位的业务处室和管理人员以及护堤员、巡逻人员、防汛工、抢险队等要制订岗位责任制。明确任务和要求，定岗定责，落实到人。岗位责任制的范围、项目、安全程度、责任时间等，要做出相关职责的条文规定，严格考核。在实行岗位责任制的过程中，要调动职工的积极性，强调严格遵守纪律。要加强管理，落实检查制度，发现问题及时纠正。

6. 技术责任制

在防汛抢险工作中，为充分发挥技术人员的专长，实现科学抢险、优化调度以及提高防汛指挥的准确性和可靠性，凡是评价工程抗洪能力，确定预报数字、制订调度方案、采取的抢险措施等有关技术问题，均应由专业技术人员负责，建立技术责任制。关系重大的技术决策，要组织高技术级别的人员进行咨询，以防误判。县、乡（镇）的技术人员也要实行技术责任制，对所包的水库、堤防、闸坝等工程安全做到技术负责。

7. 值班工作责任制

为了随时掌握汛情，减少灾害损失，在汛期，各级防汛指挥机构应建立防汛值班制度，汛期值班室24h不离人。值班人员必须坚守岗位，忠于职守，熟悉业务，及时处理日常事务，以便防汛机构及时掌握和传递汛情。要加强上下联系，多方协调，充分发挥水利工程的防汛减灾作用。汛期值班人员的主要责任如下：

（1）及时掌握汛情。汛情一般包括水情、工情和灾情。水情，按时了解雨情、水情实况和水文、气象预报。工情，当雨情、水情达到某一数量值时，要主动向所辖单位了解水库、河道堤防和水闸等防洪工程的运用及防守情况。灾情，主动了解受灾地区的范围和人员伤亡情况以及抢救的措施。

（2）按时报告、请示、传达。按照报告制度，对于重大汛情及灾情要及时向上级汇报；对需要采取的防洪措施要及时请示批准执行；对授权传达的指挥调度命令及意见，要及时准确传达。做到不延时、不误报、不漏报，并随时落实和登记处理结果。

（3）熟悉所辖地区的防汛基本资料和主要防洪工程的防御洪水方案的调度计划，对所发生的各种类型洪水要根据有关资料进行分析研究，掌握各地水库、堤防、水闸发生的险情及处理情况。

（4）积极主动抓好情况收集和整理工作，对发生的重大汛情要做好并整理好值班记录，以便查阅，并归档保存。

（5）严格执行交接班制度，认真履行交接班手续。

（6）做好保密工作，严守国家机密。

三、防汛队伍

为做好防汛抢险工作，取得防汛斗争的胜利，除充分发挥工程的防洪能力外，更主要的一条是在当地防汛指挥部门领导下，在每年汛前必须组织好防汛队伍。

专业防汛队是懂专业技术和管理的队伍，是防汛抢险的技术骨干力量，由水库、堤防、水闸管理单位的管理人员、护堤员等组成，平时根据管理中掌握的工程情况分析工程的抗洪能力，做好出险时抢险准备。进入汛期，要上岗到位，密切注视汛情，加强检查观测，及时分析险情。专业防汛队要不断学习养护修理知识，学习江河、水库调度和巡视检查知识以及防汛抢险技术，必要时进行实战演习。

群众防汛抢险队是防汛抢险的基础力量。它是以当地青壮年劳力为主，招收有防汛抢险经验的人员参加，组成不同类别的防汛抢险队伍，可分为常备队、预备队、抢险队、机动抢险队等。

1. 常备队

常备队是防汛抢险的基本力量，是群众性防汛队伍，人数比较多，由水库、堤防、水闸等防洪工程周围的乡（镇）居民中的民兵或青壮年组成。常备队组织要健全，汛前登记入册编成班、组，要做到思想、工具、料物、抢险技术四落实。汛期按规定到达各防守位置，分批组织巡逻。另外，在库区、滩区、滞洪区也要成立群众性的转移救护组织，如救护组、转移组和留守组等。

2. 预备队

预备队是防汛的后备力量，当防御较大洪水或紧急抢险时，为补充加强常备队的力量而组建的。人员条件和距离范围更宽一些。必要时可以扩大到距离水库、堤防、水闸较远的县、乡（镇），要落实到每户每人。

3. 抢险队

抢险队是为防洪工程在汛期出险而专门组织的抢护队伍，是在汛前从群众防汛队伍中选拔有抢险经验的人员组成。当水库、堤防、水闸工程发生突发性险情时，立即抽调组成的抢险队员，配合专业队投入抢险。这种突击性抢险关系到防汛的成败，既要迅速及时，又要组织严密指挥统一。所有参加人员必须服从命令听指挥。

4. 机动抢险队

为了提高抢险效果，在一些主要江河堤段和重点水库工程可建立训练有素、技术熟练、反应迅速、战斗力强的机动抢险队，承担重大险情的紧急抢险任务。机动抢险队要与管理单位结合，人员相对稳定。平时结合管理养护，学习技术，参加培训和实践演习。机动抢险队应配备必要的交通运输和施工机械设备。

四、防汛抢险技术培训

（一）防汛抢险技术的培训

防汛抢险技术的培训是防汛准备的一项重要内容，除利用广播、电视、报纸和因特网等媒体普及抢险常识外，对各类人员应分层次、有计划、有组织地进行技术培训。其主要包括专业防汛队伍的培训，群防队伍的技术培训，防汛指挥人员的培训等。

1. 培训的方式

（1）采取分级负责的原则，由各级防汛指挥机构统一组织培训。

（2）培训工作应做到合理规范课程、考核严格、分类指导，保证培训工作效果。

（3）培训工作应结合实际，采取多种组织形式，定期与不定期相结合，每年汛前至少组织一次培训。

2. 专业防汛队伍的培训

对专业技术人员应举办一些抢险技术研讨班，请有实践经验的专家传授抢险知识，并通过实战演习和抢险实践提高抢险技术水平。对专业抢险队的干部和队员，每年汛前要举办抢险技术学习班，进行轮训，集中学习防汛抢险知识，并进行模拟演习，利用旧堤、旧坝或其他适合的地形条件进行实际操作，增强抗洪抢险能力。

3. 群防队伍的技术培训

对群防队伍一般采取两种办法：一是举办短期培训班，进入汛期后，在地方（县）防汛指挥部的组织领导下，由地方（县）人民武装部和水利管理部门召集常备队队长、抢险队队长集中培训，时间一般为3~5d，也可采用实地演习的办法进行培训；二是群众性的学习，一般基层管理单位的工程技术人员和常备队队长、抢险队队长分别到各村向群众宣讲防汛抢险常识，并辅以抢险挂图和模型、幻灯片、看录像等方式进行直观教学，便于群众领会掌握。

4. 防汛指挥人员的培训

应举办由防汛指挥人员、防汛指挥成员单位负责人参加的防汛抢险技术研讨班，重点学习和研讨防汛责任制、水文气象知识、防汛抢险预案、防洪工程基本情况、抗洪抢险技术知识等，使防汛抢险指挥人员能够科学决策，指挥得当。

（二）防汛抢险演习

为贯彻"以防为主，全力抢险"的防汛工作方针，加强防汛抢险队伍建设，各级防汛抗旱指挥机构应定期举行不同类型的应急演习，以检验、提高和强化应急准备和应急响应能力；专业抢险队伍必须针对当地易发生的各类险情有针对性地每年进行抗洪抢险演习；多个部门联合进行的专业演习，一般2~3年举行一次，由省级防汛指挥机构负责组织。

防汛抢险演习主要包括现场演练、岗位练兵、模拟演练等，是根据各地方的防汛需要和实际情况进行，一般内容如下：

1. 现场模拟堤防漫溢、管涌、裂缝等险情，以及供电系统故障、人员落水遇险等。

2. 险情识别、抢护办法、报险、巡堤查险、抢险组织、各种打桩方法。

3. 进行水上队列操练、冲锋舟水流湍急救援、游船紧急避风演练、某村群众遇险施救、个别群众遇险施救、群众转移等项目演习。

4. 水库正常洪水调度、非常洪水预报调度、超标准洪水应急响应、提闸泄洪演练。

5. 泵站紧急强排水演练、供电故障排除演练。

6. 堤防工程的水下险情探测、抛石护坡、管涌抢护、裂缝处理、决口堵复抢险等。通过各种仿真联合演习，进一步加强地方防汛抢险队伍互动配合能力，提高抢险队员们能够娴熟运用技巧的能力，积累应急抢险救灾的经验，增强抢险救灾人员的快速反应和防汛抢险救灾技能，提高抗洪抢险的实战能力。

五、防汛组织

黄河防汛工作实行各级人民政府行政首长负责制，统一指挥，分级分部门负责。各有关部门实行防汛岗位责任制。

黄河防汛费用按照国家、地方政府和受益者合理承担相结合的原则筹集。

黄河防汛费用必须专款用于黄河防汛准备、防汛抢险、防洪工程修复、防汛抢险器材和国家储备物资的购置、维修及其他防汛业务支出。

任何单位和个人不得截留、挪用黄河防汛、救灾资金和物资。

任何单位和个人都有依法参加黄河防汛抗洪和保护黄河防洪设施的义务。

在黄河防汛工作中做出突出成绩的单位和个人,由县级以上人民政府给予表彰和奖励。

有黄河防汛任务的县级以上人民政府防汛指挥机构,在上级防汛指挥机构和同级人民政府的领导下,行使本行政区域内的黄河防汛指挥权,组织、监督本行政区域内的防汛指挥调度决策、防守抢护、群众迁移安置救护、防汛队伍建设、物资供应保障、河道及蓄滞洪区清障等黄河防汛工作的实施。

有黄河防汛任务的县级以上人民政府,应当明确同级防汛指挥机构的成员单位及有关部门的黄河防汛职责。各级防汛指挥机构的成员单位及有关部门应当按照各自的职责分工,负责有关的黄河防汛工作。

沿黄河的县级以上人民政府防汛指挥机构设立的黄河防汛办公室,负责本行政区域内黄河防汛的日常工作。黄河防汛办公室设在同级黄河河务部门。

各级防汛指挥机构应当加强对本级防汛指挥机构成员单位及有关部门、下级防汛指挥机构的黄河防汛工作的监督、检查。对检查中发现的问题应当责令责任单位限期整改。

专业防汛队伍由各级黄河河务部门负责组织管理。

群众防汛队伍由各级人民政府及其防汛指挥机构统一领导和指挥,当地人民武装部门负责组织和训练,黄河河务部门负责技术指导和有关器材保障工作。

六、防汛准备

省人民政府应当根据国家颁布的黄河防洪规划,黄河防御洪水方案和国家规定的防洪标准,结合防洪工程实际状况,制订全省的黄河防汛预案。沿黄河的市、县(市、区)人民政府应当根据全省的黄河防汛预案,结合本地实际,于每年汛期以前制订本地区的防汛预案。

东平湖防汛预案由东平湖防汛指挥机构于每年汛期以前组织制订,征求泰安市和济宁市人民政府的意见后,报省防汛指挥机构批准颁布。

黄河防汛预案应当包括防汛基本情况、防汛任务、组织指挥与责任分工、队伍组织建设和后勤保、物资储备和运输、通信和电力保障、滩区和蓄滞洪区群众迁移安置救护、蓄滞洪区运用、洪水(含凌水)测报、防御措施等内容。黄河防汛预案一经批准,各级防汛指挥机构及有关部门和单位必须执行。有迁移安置救护任务的各级人民政府,应当建立由民政、黄河河务、公安、交通、卫生、国土资源等部门参加的滩区、蓄滞洪区群众迁移安置救护组织,制订迁移安置救护方案,落实迁移安置救护措施。

汛期前,各级人民政府必须对所管辖的蓄滞洪区的通信、预报警报、避洪、撤退道路等安全设施,以及紧急撤离和救生准备工作进行确认检查。发现安全隐患时,应当及时处理。

沿黄河的各级人民政府应当采取措施,确保河道畅通。对滩区蓄滞洪区内的行洪障碍,按照谁设障、谁清除的原则,由防汛指挥机构责令限期清除;逾期不清除的,由防汛指挥机构组织强行清除,所需费用由设障者承担。禁止围湖造地、围垦河道。

黄河入海备用流路内不得建设阻水建筑物、构筑物。

各级人民政府应当加强对防洪工程建设的领导与协调，保证工程建设顺利进行。

防洪工程的建设、勘察设计、施工和监理单位，必须按照国家、省有关工程质量标准和法律、法规的规定，保障防洪工程的质量。

黄河河道管理范围内的非防洪工程设施的建设单位或者管理使用单位，应当在每年汛期以前制订工程设施的防守方案和度汛措施并组织实施，黄河河务部门应当给予技术指导。

受洪水威胁地区的油田、管道、铁路公路、电力等企业事业单位应当自筹资金，兴建必要的防洪自保工程。在黄河河道管理范围内修建的防洪自保工程，必须符合国家规定的防洪标准和有关技术要求。

黄河滩区安全建设应当符合黄河治理开发规划。黄河滩区内修建的撤退道路等避洪设施，必须符合国家规定的防洪标准和有关技术要求。黄河防汛物资由国家储备物资、机关和社会团体储备物资和群众备料组成。

国家储备物资由黄河河务部门按照储备定额和防汛需要常年储备。

群众备料由县级人民政府根据黄河防汛预案组织储备。

机关和社会团体储备物资、群众备料应当落实储备地点、数量和运输措施。

黄河防汛通信实行黄河专用通信网和通信公用网相结合措施。

黄河河务部门应当做好黄河专用通信网的建设、管理和维护工作；通信部门应当为防汛抢险提供通信信息保障，并制订好非常情况下的通信、信息保障预案。

沿黄河的各级人民政府应当加强当地的公路网建设、管理与维护，并与黄河堤防辅道相连接，确保防汛抢险道路畅通。

黄河河务部门应当加强堤顶硬化和堤防辅道的建设与维护，为防汛抢险物资的运输提供条件。

各级防汛指挥机构应当在汛期以前对防汛责任制落实、度汛工程建设、防汛队伍组织训练、防汛物资储备以及河道清障等进行情况核查，被检查单位和个人应当予以配合。

七、防汛抢险

黄河汛期包括伏秋汛期和凌汛期。

伏秋汛期为每年的七月一日至十月三十一日。凌汛期为每年的十二月一日至次年的二月底。大清河的汛期为每年的六月一日至九月三十日。特殊情况下，省防汛指挥机构可以宣布提前或者延长汛期时间。

出现下列情况之一的，有关县级以上防汛指挥机构可以宣布本辖区进入紧急防汛期：

1. 黄河水位接近保证水位。

2. 黄河防洪工程设施发生重大险情。

3. 启用蓄滞洪区。

4.凌水漫滩，威胁堤防和滩区群众安全。

在汛期，气象部门应当及时向防汛指挥机构及其黄河防汛办公室提供长期、中期、短期天气预报，实时雨量和有关天气预报；黄河水文测报单位应当按照黄河防汛预案的要求报送水情；水文部门应当及时提供汶河流域水情、雨情信息及洪水预报；电力部门应当优先为黄河防汛提供电力供应，并制订非常情况下的电力保障方案。

八、山东黄河防洪重点

黄河防洪，每个堤段，每个环节都不能出问题，尤其是工程薄弱、易出险的堤段和重要工程，是防守的重点，如险点险段，堤防高度不足、堤身单薄堤段，以及险工控导、涵闸工程。就河段而言，山东省东明、东平湖济南及河口四个河段，是山东省黄河防洪的重中之重。

1. 东明河段

山东省上界至高村，河道长56km，河道宽浅，水流散乱，主流摆动频繁，属游荡型河段，历史上险情不断，是著名的"豆腐腰"河段。要做好顺堤行洪，临堤抢大险的充分准备。该河段位于山东省河段上首，洪峰到达时间短，峰高量大，滩区面积大，居住群众多，迁移任务重，应引起高度重视。

2. 东平湖水库

东平湖水库是处理黄河洪水及汶河洪水的关键工程，运用机遇多。存在的主要问题：水库围坝质量差，隐患多；分泄洪闸老化失修，电器设备老化；老湖退水入黄不畅，仅汶河来水也有运用新湖的可能；向南四湖排水工程不配套；库区21.3万人需搬迁等。做到"分得进，守得住，排得出，群众保安全"原则，任务非常艰巨。

3. 济南窄河段

济南北店子至泺口河道狭窄弯曲，河宽一般在1.0km左右，曹家圈铁路大桥附近河宽仅459m，是下游著名的窄河段之一。左岸修建的北展宽工程，堤身比较单薄，质量差，隐患多，且工程不配套，大吴泄洪闸等老化失修严重，堤线防守和群众搬迁任务都很重。

4. 河口地区

由于河口地区河道淤积严重，漫滩流量减小。防洪工程战线长，标准低，人力相对较少，防守抢护比较困难。且河口地区是国家的重要发展基地，保卫胜利油田安全十分重要。

第四节 防汛工作流程

防汛工作是一项常年的任务,当年防汛工作的结束,就是次年防汛工作的开始。防汛工作大体可分为汛前准备、汛期工作和汛后工作三个部分。

一、汛前准备

每年汛前,在各级防汛指挥部门领导下做好各项防汛准备是夺取防汛抗洪斗争胜利的基础。主要的准备工作有以下几项:

1. 思想准备

通过召开防汛工作会议,新闻媒体广泛宣传防汛抗洪的有关方针政策,以及本地区特殊的多灾自然条件特点,充分强调做好防汛工作的重要性和必要性,克服麻痹侥幸心理,树立"防重于抢"的思想,做好防大汛、抢大险、抗大灾的思想准备。

2. 组织准备

建立健全防汛指挥机构和常设办事机构,实行以行政首长负责制为核心的分级管理责任制、分包工程责任制、岗位责任制、技术责任制、值班工作责任制等。建立具有专业性和群众性的防汛抢险队伍。

3. 防御洪水方案准备

各级防汛指挥部门应根据上级防汛指挥机构制订的洪水调度方案,按照保障重点、兼顾一般的原则,结合水利工程规划及实际情况,制订出本地区水利工程调度方案及防御洪水方案,并报上级批准执行。所有水利工程管理单位也都要根据本地区水利工程调度方案,结合工程规划设计和实际情况,在兴利服从防洪、确保安全的前提下,由管理单位制订工程调度运用方案,并报上级批准执行。有防洪任务的城镇、工矿、交通以及其他企业,也应根据流域或地方的防御洪水方案,制订有关本部门或本单位的防御洪水方案,并报上级批准执行。

4. 工程准备

各类水利工程设施是防汛抗洪的重要物质基础。由于受大自然和人类活动的影响,水利工程的工作状况会发生变化,抗洪能力会有所削弱,如汛前未能及时发现和处理,一旦汛期情况突变,往往会造成大的损失。因此,每年汛前要对各类防洪工程进行全面的检查,以便及时发现薄弱环节,采取措施,消除隐患。对影响安全的问题,要及时加以处理,使工程保持良好状态;对一时难以处理的问题,要制订安全度汛方案,确保水利工程安全度汛。

5. 气象与水文工作准备

气象部门和水文部门应按防汛部门要求提供气象信息和水文情报。水文部门要检查各报汛站点的测报设施和通信设施，确保测得准、报得出、报得及时。

6. 防汛通信设施准备

通信联络是防汛工作的生命线，通信部门要保证在汛期能及时传递防汛信息和防汛指令。各级防汛部门间的专用通信网络要畅通，并要完善与主要堤段、水库、滞蓄洪区及有关重点防汛地区的通信联络。

7. 防汛物资和器材准备

防汛物资实行分级负担，分级储备、分级使用、分级管理、统筹调度的原则。省级储备物资主要用于补助流域性防洪工程的防汛抢险，市、县级储备物资主要用于本行政区域内防洪工程的防汛抢险。有防汛抗洪任务的乡镇和单位应储备必要的防汛物资，主要用于本地和本单位防汛抢险，并服从当地防汛指挥部的统一调度。常用的防汛物资和器材有：块石、编织袋、麻袋、土工布、土砂、碎石、块石、水泥、木材、钢材、铅丝、油布、绳索、炸药、挖拾工具、照明设备、备用电源运输工具、报警设备等。应根据工程的规模以及可能发生的险情和抢护方法对上述物资器材做一定数量的储备，以备急用。

8. 行蓄滞洪区运用准备

对已确定的行蓄滞洪区，各级防汛指挥部门要对区内的安全建设，通信、道路、预警、救生设施和居民撤离安置方案等进行检查并落实。

二、防汛责任制度

各级防汛指挥部门要建立健全的分级管理责任制、分包工程责任制、岗位责任制、技术责任制值班工作责任制。

1. 分级管理责任制

根据水系以及堤防、闸坝、水库等防洪工程所处的行政区域、工程等级和重要程度以及防洪标准等，确定省、市、县各级管理运用、指挥调度的权限责任，实现分级管理，分级负责、分级调度。

2. 分包工程责任制

为确保重点地区和主要防洪工程的度汛安全，各级政府行政负责人和防汛指挥部领导成员实行分包工程责任制。例如分包水库、分包河道堤段、分包蓄滞洪区、分包地区等。

3. 岗位责任制

汛期管好用好水利工程，特别是防洪工程，对减小灾害损失至关重要。工程管理单位的业务部门和管理人员以及护堤员、巡逻人员、抢险人员等要制订岗位责任制，明确任务和要求，定岗定责，落实到人。岗位责任制的范围、内容、责任等，都要做出明文规定，严格考核。

4. 技术责任制

在防汛抢险中要充分发挥技术人员的技术专长，实现优化调度，科学抢险，提高防汛指挥的准确性和可行性。预测预报、制订调度方案、评价工程抗洪能力、采取抢险措施等有关防汛技术问题，应由各专业技术人员负责，建立技术责任制。

5. 值班工作责任制

汛期容易突然发生暴雨洪水、台风等灾害，而且防洪工程设施在自然环境下运行，也会出现异常现象。为预防不测，各级防汛机构均应建立防汛值班制度，使防汛机构及时掌握和传递汛情，加强上下联系，多方协调，充分发挥枢纽作用。汛期值班人员的主要责任如下：

（1）了解掌握汛情。汛情一般包括雨情、水情、工情灾情。具体要求是：

雨情、水情、灾情：按时了解实时雨情、水情实况和气象、水文预报；工情：当雨情、水情达到某一量值时，要主动向所辖单位了解河道堤防、水库、闸坝等防洪工程的运用、防守、是否发生险情及处理情况；灾情：主动了解受灾地区的范围和人员伤亡情况以及抢救措施。

（2）按时报告、请示、传达。按照报告制度，对于重大汛情及灾情要及时向上级汇报；对需要采取的防洪措施要及时请示批准执行；对授权传达的指挥调度命令及意见，要及时准确传达。

（3）熟悉所辖地区的防汛基本资料和主要防洪工程的防御洪水方案的调度计划，对所发生的各种类型洪水要根据有关资料进行分析研究。

（4）对发生的重大汛情等要整理好值班记录，以备查阅并归档保存。

（5）严格执行交接班制度，认真履行交接班手续。

（6）做好保密工作，严守机密。

三、汛期巡查

汛前对防洪工程进行全面仔细的检查，对险工、险段、险点部位进行登记；汛期或水位较高时，要加强巡检、查险工作，必须实行昼夜值班制度。检查一般分为日常巡查和重点检查。

1. 日常巡查

日常巡查即要对可能发生险情的区域进行查看，做到"徒步拉网式"巡查，不漏疑点。要把对工程的定时检查与不定时巡查结合起来，做到"三加强、三统一"，即加强责任心，统一领导，任务落实到人；加强技术指导，统一填写检查记录的格式，如记述出现险情的时间、地点、类别，绘制草图，同时记录水位和天气情况等有关资料，必要时应进行测图、摄影和录像，甚至立即采取应急措施，并同时报上一级防汛指挥部；加强抢险意识，统一巡查范围、内容和报警方法。

2. 重点检查

重点检查即重点对汛前调查资料中所反映出来的险工、险段，以及水毁工程修复情况进行检查。重点检查要认真细致，特别注意存在的异常现象，科学分析和判断，若为险情，要及时采取措施，组织抢险，并按程序及时上报。

3. 检查的范围

检查的范围包括堤坝主体工程、堤（河）岸，背水面工程压浸台，距背水坡脚一定范围内的水塘、洼地和水井，以及与工程相接的各种交叉建筑物。检查的主要内容包括是否有裂缝、滑坡、跌窝、洞穴、渗水、塌岸、管涌、漏洞等威胁发生。

4. 检查的要求

检查必须注意"五时"，做到"四勤""三清""三快"。

（1）五时：黎明时、吃饭时、换班时、黑夜时、狂风暴雨交加时，这些时候往往最容易疏忽忙乱，注意力不集中，险情不易判查，容易被遗漏，特别是对已经处理过的险情和隐患，更要注意复查，提高警惕。

（2）四勤：勤看、勤听、勤走、勤做。

（3）三清：险情要查清、信号要记清、报告要说清。

（4）三快：发现险情要快，处理险情要快，报告险情要快。

以上几点即要求及时发现险情，分析原因，小险迅速处理，防止发展扩大，重大险情立即报告，尽快处理，避免溃决失事，造成严重损失。

5. 巡查的基本方法

巡查的主要目的是发现险情，巡查人员必须做到认真、细致。巡查时的主要方法也很简单，可概括为"看、听、摸、问"四个字。

（1）看：主要查看工程外观是否与正常状态出现差异。要查看工程表面是否出现有缝隙，是否发生塌陷坑洞，坡面是否出现滑挫等现象；要查看迎水面是否有漩涡产生，迎水坡是否有垮塌；要查看背水坡是否有较大面积湿润、背水坡和背水面地表是否有水流出，背水面渠道、洼地、水塘里是否有翻水现象，水面是否变浑浊。

（2）听：仔细辨析工程周围的声音，如迎水面是否有形成漩涡产生的嗡嗡声，背水坡脚是否有水流的潺潺声，穿堤建筑物下是否有射流形成的哗哗声。

（3）摸：当发现背水坡有渗水、冒水现象时，用手感觉水温，如果水温明显低于常温，则表示该水来自外江水，此处必为险情；用手感觉穿堤建筑物闸门启闭机是否存在震动，如果是，则闸门下可能存在漏水等险情。

（4）问：因地质条件等原因，有时险情发生的范围远超出一般检查区域，因此，要问询附近居民，农田中是否发生冒水现象，水井是否出现浑浊等。

四、汛后工作

汛期高水位时水利工程局部特别是险工、险段处或多或少会发生一些损坏，这些损坏处在水下不易被发现，经历一个汛期，汛后退水期间，这些水毁处将逐渐暴露出来，有时因退水较快，还可能出现临水坡岸崩塌等新的险情。为全面摸清水利工程险工隐患，调查水利工程的薄弱环节，必须开展汛后检查工作。汛后检查工作，应包括以下几个方面的内容：

1. 工程检查

一是要重点检查汛期出险部位的状况；二是要对水利工程进行一次全面的普查，特别是重点险工和险段处；三是要做好通信及水文设施的检查工作。详细记录险情部位的相关资料并整理，分析险情产生的原因，形成险情处置建议方案。

2. 防汛预案和调度方案修订

比对实施的防汛预案和调度方案，结合汛期实际操作情况，完善和修订下年度的防汛预案和调度方案。

3. 汛情总结

全面总结汛期各方面工作，包括往年洪水特征、洪涝灾害情况、形成原因、发生与发展过程、发生险情情况、应急抢护措施、洪水调度情况、救灾中的成功经验与教训等。

4. 工程修复

结合秋冬水利建设项目制订水毁工程整险修复方案，安排或申报整险修复工程计划，在翌年汛前完成整险修复工程任务。

5. 其他工作

其他各方面的工作，如清点核查防汛物资，对防汛抢险所耗用和过期变质失效的物料、器材及时办理核销手续，并增储补足。

第五节　黄河防汛措施

一、水情测报

1. 山东黄河水情站网布设

为了满足黄河防洪的需要，黄河流域设立了水文站网，由水文站、水位站、水库站、雨量站组成，并严格按照规范，及时准确地测报水情、雨情，为防洪提供可靠信息。站网中的各站分属黄河流域各省、区及沿黄业务部门管理。

2. 水文情报、预报

水文情报主要指雨情和水文观测站的流量、水位、含沙量等，是防洪决策的重要依据。水文预报是根据洪水的形成、特点和在河道中的运行规律，利用过去和实时水情资料，对未来一定时段内的洪水情况进行的预测。黄河下游洪水预报发布中心设在黄河防汛总指挥部。山东省防指黄河防汛办公室为满足山东全河防汛需要，几十年来一直根据花园口站峰量情况或三花间干支流洪水，预估山东省黄河高村、孙口、艾山、泺口、利津五个站的洪峰流量、水位及到达各站时间，基本满足了山东省黄河防汛的需要。沿黄市（地）局防办和高村、孙口等五个水文站，根据工作需要，也不同程度地开展了所辖河段的水情测报，为各级防汛指挥部提供汛情发展趋势预测，使汛期防守和抢险更加占据主动。

二、黄河防汛通信

山东黄河专用通信网，主要通信设备有：数字微波机、程控交换机、800MHz 移动通信设备、一点多址微波通信设备、450MHz 无线接入通信设备及其配套电源设备等，初步形成了以交换程控自动化、传输数字微波化为主，辅以多址通信、无线接入通信、集群通信、预警通信等多种通信手段相结合得比较完整的现代化通信专用网，基本上满足了黄河防汛指挥、调度和日常治黄工作的需要。

三、防汛自动化建设

1. 水情译电系统。主要用于接收翻译黄河上、中游实时水情、雨情信息。

2. 气象卫星云图接收系统。可以定时自动接收日本 GMS 气象卫星图片信息，主要用于监视灾害性天气变化过程。

3. 黄河下游防洪减灾计算机局域网络系统。该系统是黄委与芬兰合作建设的，山东局作为黄委会主干网的二级子网，通过微波通信干线和路由器等设备与黄委主干网连接。

四、防汛物资

山东黄河防汛物资的储备由黄河河务部门防汛常备物资、机关团体和群众备料、中央防汛物资储备等部分组成。

1. 防汛常备物资，指黄河河务部门常年储备的防汛机械设备、料物、器材、工具等。主要物资由省黄河防汛办公室按照规定的储备定额和需要，结合防汛经费情况，统一储备。零星器材、料物、工具等由各市（地）黄河防办按定额自行储备。仓库设置按照“保证重点，合理布局，管理安全，调用及时”的原则，分布于黄河沿线，是山东省黄河抢险应急和先期投入使用的物资来源。

2. 机关团体和群众备料。指生产及经营可用于防汛的物资的企业、政府机关、社会团体和群众所能掌握及自有的可用于防汛的物资，这是抗洪抢险物资的重要储源。汛前由各级政府根据防汛需要下达储备任务，防汛指挥机构汛前进行检查、落实，按照"备而不集、用后付款"的原则，汛前逐单位、逐户进行登记入册挂牌号料、落实地点、数量和运输方案措施，视水情、工情及防守抢险需要由当地防汛指挥部调用。

3. 防汛物资指在全国各地设立的防汛物资储备定点仓库所备的物资，主要满足防御大江大河大湖的特大洪水抢险需要。在紧急防汛期，这部分物资将是后续重要供应来源。

第六节　主要抢险方法

一、渗水险情抢护

1. 险情

堤坝在汛期持续高水位情况下，浸润线较高，而浸润线出逸点以下的背水坡及堤坝脚附近易出现土壤湿润或发软，并有水渗出的现象，称为渗水。如不及时处理，可能发展成管涌、流土、滑坡等险情，渗水是堤坝常见险情。

2. 产生原因

（1）高水位持续时间长。

（2）堤坝断面不足或缺乏有效防渗、排水措施。

（3）堤坝土料透水性大、杂质多或夯压不实。

（4）堤坝本身有隐患，如白蚁、鼠、蛇巢穴等。

3. 抢护原则

堤坝渗水抢护的原则是"临水截渗，背水导渗"。临水截渗，就是在临水面采取防渗措施，以减少进入堤坝坝体的渗水。背水导渗，就是在背水坡采取导渗沟、反滤层、透水后戗等反滤导渗措施，以降低浸润线，保护渗流出逸区。

当堤坝发生险情后，应当查明出险原因和险情严重程度。如渗水时间不长且渗出的是清水，水情预报水位不再大幅上涨时，只要加强观察，监视险情变化，可暂不处理；如渗水严重，则必须迅速处理，防止险情程度扩大。

4. 抢护方法

（1）临水截渗

通过加强迎水坡防渗能力，减少进入堤坝内的渗流量，以降低浸润线，达到控制渗水险情的目的。

当堤坝前水不太深，流速不大，附近有丰富黏性土料时，可采用此法。具体做法是：根据堤坝前水深和渗水范围确定前戗修筑尺寸。一般顶宽 3~5m，戗顶高出水位约 1m，长度至少超过渗水段两端各 5m 左右。由于土料入水后的崩解、沉积和固结作用，即筑成黏土前戗。

当堤坝前水不太深，附近缺少黏性土料时，可采用此法。具体做法是：先选择合适的防渗土工膜，并清理铺设一定范围内的坡面和坝基附近地面，以免损坏土工膜。根据渗水严重程度确定土工膜沿边坡的宽度，预先黏结好，满铺迎水坡面并伸到坡脚后外延 1m 以上为宜。土工膜长度不够时可以搭接，其搭接长度应大于 0.5m。土工膜铺好后，应在上面满压一层土袋。从土工膜最下端压起，逐渐向上，平铺压重，不留空隙，以作为土工膜的保护层。

当堤坝前水较深，在水下用土袋筑防冲墙有困难时，可采用此法。具体做法是：首先在迎水坡坡脚前 0.5~1.0m 处打木桩一排，排距 1m，桩长入土 1m，桩顶高出水面 1m 为标准。最后用竹竿、木杆将木桩串联，上挂芦席或草帘，木桩顶端用 8 号铅丝或麻绳与堤坝上的木桩拴牢。

（2）反滤导渗沟

当堤坝前水较深，背水坡大面积严重渗水时，可采用此法。导渗沟的作用是反滤导渗、保土排水，即在引导堤坝体内渗水排出的过程中不让沙土颗粒被带走，从而降低浸润线稳定险情。反滤导渗沟的形式，一般有纵横沟、Y 字形沟和人字形沟。

在导渗沟内铺垫滤料时，滤料的粒径应顺渗流方向由细到粗，即掌握下细上粗、边细中粗、分层排列的原则铺垫，严禁粗料与土体直接接触。根据铺垫的滤料不同，导渗沟做法有以下几种。

顺堤坝边坡的竖沟一般每隔 6~10m 开挖一条，沟深和沟宽均不小于 0.5m。再顺坡脚开挖一条纵向排水沟，填好反滤料，纵沟应与附近地面原有排水沟渠相连，将渗水排至远离坡脚外。如开沟后仍排水不畅，可增加竖沟密度或开斜沟，以加强反滤导渗效果。为防止泥土掉入导渗沟，可在导渗沟砂石料上面覆盖草袋、席片等，然后压块石、沙袋保护。

沟的开挖方法与砂石料导渗沟相同。导渗沟开挖后，将土工织物紧贴沟底和沟壁铺好，并在沟口边沿露出一定宽度，然后向沟内填满透水料，不必分层。填料时，要防止有棱角的滤料直接与土工织物接触，以免刺破。如土工织物尺寸不够，可采用搭接形式，搭接宽度不小于 20cm。

在滤料铺好后，上面铺盖草帘、席片等，并压以沙袋、块石保护。纵向排水沟要求与砂石料导渗沟相同。

（3）反滤层导渗

当堤坝背水坡渗水较严重，土体过于稀软，开挖反滤导渗沟有困难时，可采用此法。反滤层的作用和反滤导渗沟相同。根据铺垫的滤料不同，反滤层有以下几种。

筑砂石料反滤层时，先将表层的软泥、草皮、杂物等清除，清除深度 20~30cm，再按反滤要求将砂石料分层铺垫，上压块石。

按砂石料反滤层要求对背水坡渗水范围内进行清理后，先满铺一层合适的土工织物，若宽度不够，可以搭接，搭接宽度应大于20cm。然后铺垫透水材料（不需分层）厚40~50cm，其上铺盖席片、草帘，最后用块石、沙袋压盖保护。

二、管涌险情抢护

（一）抢护原则

抢护管涌险情的原则应是制止涌水带砂，而留有渗水出路。这样既可使沙层不再被破坏，又可以降低附近渗水压力，使险情得以控制和稳定。值得警惕的是，管涌虽然是堤防溃口极为明显和常见的原因，但对它的危险性仍有认识不足，出现措施不当，或麻痹疏忽，贻误时机的。如大围井抢筑不及或高围井倒塌都曾造成过决堤灾害。

（二）抢护方法

1. 反滤围井

在管涌口处用编织袋或麻袋装土抢筑围井，井内同步铺设反滤料，从而制止涌水带砂，以防止险情进一步扩大，当管涌口非常小时，也可用无底水桶或汽油桶做围井。这种方法一般适用于发生在背河地面或洼地坑塘出现数目不多和面积较小的管涌，以及数目虽多但未连成大面积，可以分片处理的管涌群。对位于水下的管涌，当水深比较浅时，也可以采用这种方法。

围井面积应根据地面情况、险情程度、料物储备等来确定。围井高度应以能够控制涌水带砂为原则，但也不能过高，一般不超过1.5m，以免围井附近产生新的管涌。对管涌群，可以根据管涌口的间距选择单个或多个围井进行抢护。围井与地面应紧密接触，以防造成漏水，使围井水位无法升高。

围井内必须用透水材料铺填，切忌用非透水材料。根据所用反滤料的不同，反滤围井可分为以下几种形式。

（1）砂石反滤围井砂石反滤围井是抢护管涌险情的最常见形式之一。

在围井抢筑时，首先应清理围井范围内的杂物，并用编织袋或麻袋装土填筑围井。然后根据管涌程度的不同，采用不同的方式铺设反滤料。对管涌口不大、涌水量较小的情况，采用由细到粗的顺序铺设反滤料，即先填入细料，再填过渡料，最后填粗料，每级滤料的厚度为20~30cm，反滤料的颗粒组成应根据被保护土的颗粒事先选定和储备；对管涌口直径和涌水量较大的情况，可先填入较大的块石或碎石，以减弱涌出的水势，再按前述方法铺设反滤料，以免较细颗粒的反滤料被水流带走。

反滤料填好后应注意观察，若发现反滤料下沉可补足滤料，若发现仍有少量浑水带出而不影响其骨架改变（即反滤料不产生下陷），可继续观察其发展，暂不处理或略抬高围井水位。管涌险情基本稳定后，在围井的适当高度插入排水管（塑料管、钢管和竹管），使围井水位适当降低，以免围井周围再次发生管涌或井壁倒塌。同时，必须不断地观察围井及周围情况的变化，及时调整排水口高度。

（2）土工织物反滤围井首先对管涌口附近进行清理平整，清除尖锐杂物。管涌口用粗料（碎石、砾石）充填，以减小涌水压力。铺土工织物前，先铺一层砂，粗砂层厚30~50cm。然后选择合适的土工织物铺上。需要特别指出的是，土工织物的选择是相当重要的，并不是所有土工织物都适用。选择的方法可以将管涌口涌出的水和砂子放在土工织物上，从上向下渗透几次，看土工织物是否淤堵。若管涌带出的土为粉砂时，一定要慎重选用土工织物（针刺型）；若为较粗的砂，一般的土工织物均可选用。

最后要注意的是，土工织物铺设一定要形成封闭的反滤层土工织物周围应嵌入土中，土工织物之间用线缝合。然后在土工织物上面用块石等强透水材料压盖，加压顺序为先四周后中间，最终中间高、四周低，最后在管涌区四周用土袋修筑围井。围井修筑方法和井内水位控制与砂石反滤围井相同。

2. 反滤压盖

在堤内出现大面积管涌或管涌群时，如果料源充足，可采用滤层压盖的方法，以降低涌水流速，制止地基泥沙流失，稳定险情。反滤层压盖必须用透水性好的材料，切忌使用不透水材料。根据所用反滤料不同，可分为以下几种。

（1）砂石滤料铺盖在抢筑前，先清理铺设范围内的杂物和软泥，同时对其中涌水和涌砂子较严重的出口，可用块石或砖块填堵，以削弱其水势，然后在已清理好的管涌范围内，铺粗砂一层，厚约20cm，再铺小石子和大石子各一层，厚度均为20cm，最后铺盖块石一层，予以保护。

（2）土工织物滤层铺盖在抢筑前，先清理铺设范围内的杂物和软泥，然后在其上面满铺一层土工织物滤料，再在上面铺一层厚度为40~50cm的透水料，最后在透水料层上满压一层厚度为20~30cm的片石或块石。

3. 背水月牙堤抢护

背水月牙堤抢护又称背水围堰。当背水堤脚附近出现分布范围较大的管涌群险情时，可在堤背出险情的范围外抢筑月牙堤，拦截涌出的水，抬高下游堤脚处的水位，使堤坝两侧的水位平衡。

月牙堤的抢护可随着水位的升高而加高，直到险情稳定为止，但月牙堤高度一般不超过2m，然后安设排水管将余水排出。背水月牙堤的修筑必须保证质量标准，同时要慎重考虑月牙堤填筑工作与完工时间是否能应对管涌险情的发展。

4. 水下反滤的抢护

当水深较深，做反滤围井困难时，可采用水下抛填反滤层的办法。如管涌严重，可先填块石以减弱涌水的水势，然后从水上向管涌口处分层倾倒砂石料，使管涌处形成反滤堆，使砂粒不再带出，以控制险情的发展，从而达到控制管涌险情的目的。但这种方法使用砂石料较多，也可用土袋做成水下围井，以节省砂石滤料。

5. "牛皮包"的处理

当地表土层在草根或其他胶结体作用下凝结成一片时，渗透水压把表土层顶起而形成的鼓包，俗称"牛皮包"。一般可在隆起的部位，铺麦秸或稻草一层，厚10~20cm，其上再铺柳枝、秫秸或芦苇一层，厚20~30cm。如厚度超过30cm时，可分横竖两层铺放，然后再压土袋或块石。

三、裂缝险情抢护

土质工程受温度、干湿性，不均匀受力、基础沉降、震动等外界影响发生土体分裂的现象，形成裂缝。裂缝是水利工程常见的险情，裂缝形成后，工程的整体性受到破坏，洪水或雨水易于渗入水利工程内部，降低工程挡水能力。裂缝按成因可分为不均匀沉陷裂缝、滑坡裂缝、干缩裂缝、冰冻裂缝、振动裂缝；按出现的部位可分为表面裂缝、内部裂缝；按走向可分为横向、纵向和龟纹裂缝；按发展动态分为滑动性裂缝、非滑动性裂缝。

引起裂缝的主要原因有：基础不均匀沉降；施工质量差；填筑土料中夹有淤土块、冻土块、硬土块；碾压不实，新老接合面未处理好；土质工程与其他建筑物接合部处理不好；工程内部存在隐患，比如白蚁、獾、狐、鼠等的洞穴，人类活动造成的洞穴如坟墓、藏物洞等；在高水位渗流作用下，浸润线抬高，干湿土体分界明显，背水坡抗剪强度降低或迎水坡水位骤降等；振动及其他原因，如地震或附近爆破造成工程或基础砂土液化，引起裂缝，工程顶部存在不均匀荷载或动荷载。

（一）抢护原则

判明原因，先急后缓，隔断水源，开挖回填。

（二）抢护方法

裂缝险情的抢护方法，一般有开挖回填、横墙隔断、封堵缝口等。

1. 开挖回填

这种方法适用于经过观察和检查裂缝险情确定已经稳定，缝宽大于3cm，深度超过1m的非滑坡性纵向裂缝。

（1）开挖。沿裂缝开挖一条沟槽，挖到裂缝以下0.3~0.5m深，底宽至少0.5m，边坡的坡度应满足稳定及新旧填土能紧密结合的要求，两侧边坡可开挖成阶梯状，每级台阶高宽控制在20cm左右，利于稳定和新旧填土的结合。沟槽两端应超过裂缝1m。

（2）回填。回填土料应和堤坝原土料相同，含水量相近，并控制含水量在适宜范围内。

土料过干时应适当加水。回填要分层填土夯实，每层厚度约 20cm，顶部高出 3~5cm，并做成拱弧形，以防雨水入侵。

需要强调的是，已经趋于稳定并不伴随有崩塌、滑坡等险情的裂缝，才能用上述方法进行处理。当发现伴随有崩塌、滑坡险情的裂缝，应先抢护崩塌、滑坡险情，待脱险并裂缝险情趋于稳定后，再按上述方法处理。

2. 横墙隔断

此法适用于横向裂缝，施工方法如下：

（1）沿裂缝方向，每隔 3~5m 开挖一条与裂缝垂直的沟槽，并重新回填夯实，形成梯形横墙，截断裂缝。墙体底边长度可按 2.5~3.0m 掌握，墙体厚度以便利施工为度，但不应小于 50cm。开挖和回填的其他要求与上述开挖回填法相同。

（2）如裂缝临水端已与河水相通，或有连通的可能，开挖沟槽前，应先在临水侧裂缝前筑前创截流。沿裂缝在背水坡已有水渗出时，应同时在背水坡做反滤导渗。

（3）当裂缝漏水严重，或水位猛涨，来不及全面开挖裂缝时，可先沿裂缝每隔 3~5m 挖竖井，并回填黏土截堵，待险情缓和后，再采取其他处理措施。

3. 封堵缝口

（1）灌堵缝口。裂缝宽度小于 1cm，深度小于 1m，不甚严重的纵向裂缝及不规则纵横交错的龟纹裂缝，经观察已经稳定时，可用灌堵缝口的方法：用粉细砂壤土从缝口灌入，再用木条或竹片捣塞密实；沿裂缝作宽 5~10cm，高 3~5cm 的小土埂，压住缝口，以防雨水侵入。

裂缝无论是否采取封堵措施，均应注意观察分析，研究其发展趋势，以便及时采取必要的措施。如灌堵以后，又有裂缝出现，说明裂缝仍在发展中，应仔细判明原因，另选适宜方法进行处理。

（2）裂缝灌浆。缝宽较大、深度较小的裂缝，可以用自流灌浆法处理。即在缝顶开宽、深各 0.2m 的沟槽，先用清水灌下，再灌水土重量比为 1.00∶0.15 的稀泥浆，然后再灌水土重量比为 1.00∶0.25 的稠泥浆，泥浆土料可采用壤土或沙壤土，灌满后封堵沟槽。

如裂缝较深，采用开挖回填困难时，可采用压力灌浆处理。先逐段封堵缝口，然后将灌浆管直接插入缝内灌浆，或封堵全部缝口，由缝侧打孔灌浆，反复灌实。灌浆压力一般控制在 50~120kPa，具体取值由灌浆试验确定。

（三）注意事项

1. 发现裂缝后，应尽快用土工薄膜、雨布等加以覆盖保护，阻止雨水流入缝中。对于横缝，要在迎水坡采取隔水措施，阻止水流入缝。

2. 发现伴随崩塌、滑坡险情的裂缝，应先抢护崩塌、滑坡险情，待脱险并趋于稳定后，必要时再按上述方法处理裂缝。

3.做横墙隔断是否需要做前戗、反滤导渗，或者只做前戗或只做反滤导渗而不做隔断墙，应根据具体情况决定。

4.压力灌浆的方法适用于已稳定的纵横裂缝，效果也较好。但是对于滑动性裂缝，可能促使裂缝继续发展，甚至引发更为严重的险情。

四、风浪淘刷抢护

（一）险情说明

汛期涨水后，堤前水深增大，风浪也随之增大。堤坡在风浪沟刷下，易受破坏。轻者把临水堤坡冲刷成陡坎，重者造成坍塌、滑坡漫水等险情，使堤身遭受严重破坏，甚至有决口的危险。

（二）原因分析

风浪造成堤防险情的原因可归纳为两方面：一是堤防本身存在的问题，如高度不足、断面不足、土质不好等；二是与风浪有关的问题，如堤前吹程、水深、风速大、风向与吹程一致等。

进一步分析风浪可能引起堤防破坏的原因有三：一是风浪直接冲击堤坡，形成陡坎，侵蚀堤身；二是抬高了水位，引起堤顶漫水冲刷；三是增加了水面以上堤身的饱和范围，减小土壤的抗击强度，造成崩塌破坏。

（三）抢护原则与方法

按削减风浪冲力，加强堤坡抗冲能力的原则进行，一般是利用漂浮物来削减风浪冲力，在堤坡受冲刷的范围内做好防浪护坡工程，以加强堤坡的抗冲能力。常用的抢护方法主要有挂柳防浪、挂枕防浪、土袋防浪、柳箔防浪、木排防浪、潮草排防浪、桩柳防浪、土工膜防浪等。

（四）注意事项

1.抢护风浪险情尽量不要在堤坡上打桩，必须打桩时，桩距要大，以免破坏土体结构，影响堤防防洪能力。

2.防风浪一定要坚持"预防为主，防重于抢"的原则，平时要加强管理养护，备足防汛料物，避免或减少出现抢险被动局面。

3.汛期抢做临时防浪措施，使用材料较多效果较差，容易发生问题。因此，在风浪袭击严重的堤段，如堤前有滩地，应及早种植防浪林并应种好草皮护坡，这是一种行之有效的防风浪生物措施。

五、漏洞险情抢护

在高水位的情况下，堤坝背水坡及坡脚附近出现横贯堤坝本身或基础的流水孔洞，称为漏洞，漏洞是常见的危险性险情之一。

漏洞按照出水是否带砂分为清水漏洞和浑水漏洞两种。如果渗流量小，土粒未被带动，流出的水是清水，称为清水洞。清水洞持续发展，或者堤坝内有通道，水流直接贯通，挟带泥沙，流出的水色浑浊，则称为浑水漏洞。

漏洞产生的主要原因有：

1. 由于历史原因，工程内部遗留有屋基、墓穴、阴沟、暗道、腐烂树根等。

2. 填土质量不好，未夯实，有硬块或架空结构，在高水位作用下，土块间部分细料流失。

3. 填筑材料中夹有砂层等，在高水位作用下，砂粒流失。

4. 工程有白蚁、蛇、鼠、獾等动物洞穴。

5. 高水位持续时间长，工程土体变软，易促成漏洞的生成，故有"久浸成漏"之说。

6. 位于老口门和老险工部位在修复时结合部位处理不好或产生过的贯穿裂缝处理不彻底。

（一）抢护原则

抢护原则是："前截后导，临重于背，抢早抢小，一气呵成"。抢护时，先在迎水面找到漏洞进水口，及时堵塞，截断漏水来源；不能截断水源时，应在背水坡漏洞出水口采用反滤导渗，或筑围井降低洞内水流流速，延缓并制止土料流失，防止险情程度加深，切忌在漏洞出口处用不透水料塞堵，以免造成险情程度加深。

（二）抢护方法

1. 漏洞进水口探摸

漏洞进水口探摸准确，是漏洞抢险成功的重要前提。漏洞进水口探摸有以下几种方法：

（1）查看漩涡。在无风浪时漏洞进水口附近的水体易出现漩涡，一般可直接看到；漩涡不明显时可利用麦糠、锯末、碎草、纸屑等漂浮物撒于水面，如发现打旋儿或集中一处时，即表明此处水下有进水口；夜间可用柴草扎成小船，插上耐久燃料串，点燃后，将小船放入水中，发现小船有旋转现象，即表明此处水下有进水口。

（2）观察水色。在出现漏洞时，分段分期撒放石灰、墨水、颜料等不同带色物质，并设专人在背水坡漏洞出水口处观测，如发现出洞水色改变，即可判断漏洞进水口的大体位置，然后进一步缩小投放范围，改变带色微粒，漏洞进水口便能准确找出。

（3）布幕、席片探漏。将布幕或席片连成一体，用绳索拴好，并适当坠以重物，使其沉没水中并贴紧坡面移动，如感到拉拖突然费劲，辨明不是有石块、木桩或树根等物阻挡，且出水口水流减弱，就说明这里有漏洞。

（4）夜晚无法观察时，可以耳伏地探听声音，如果发现声音异常，有可能是漏洞；也可用手、足摸探出水口水温，若出水水温与迎水坡水温一致，可判断为漏洞出水。

（5）其他方法探漏。

十字形漏控探漏器：用两片薄铁片对口卡十字形铁翅，固定于麻秆一端，另一端扎有鸡翎或小旗及绳索，称为"漏控"，当漂浮到进水口时就会旋转下沉，由所系线绳即可探明洞口位置。

水轮报警型探洞器：参照旋杯式流速仪原理，用可接长的玻璃钢管作控水杆，高强磁水轮作探头制成新型探洞器。当水轮接近漏洞进水口时，水轮旋转，接通电路，启动报警器，即可探明洞口位置。

竹竿钓球探洞法：在长竹竿上系线绳，线绳中间系一小网兜装球，线绳下端系一小铁片。探测时，一人持竿，另一人持绳，沿堤顺水流方向前进，如遇漏洞口，小铁片将被吸到洞口附近，水上面的皮球被吸入水面以下，以此寻找洞口。

（6）水下探摸。有的洞口位于水深流急之处，水面看不到漩涡，可下水探摸。其方法是：一人站在迎水坡或水中，将长杆（一般5~6m）插入坡面，插牢并保持稳定，另派水性好的1~2人扶杆摸探。一处不得，可移位探摸，若杆多人多，也可分组进行。此法危险性大，摸探人有可能被吸入漏洞的，下水的人必须腰系安全绳，还应手持短杆左右摸探并缓慢前进。要规定拉放安全绳信号，安全绳应套在预打的木桩上，设专人负责拉放安全绳，以保证安全。此外，在流缓的情况下，还可以采用数人并排探摸的办法查找洞口，即由熟悉水性的人排成横排，个子高水性好的在下边，手臂相挽，用脚踩探，凭感觉寻找洞口，同时还应备好长杆、梯子及绳索等，供下水的人把扶，以策安全。

2. 辅助措施

（1）反滤围井

反滤围井在管涌险情抢护中做了介绍，不再重复。值得注意的是，有些漏洞出水凶急，按反滤抛填物料有困难，为了削弱水势，可改填瓜米或卵石，甚至块石，先按反级配填料，然后再按正级配填料，做反滤围井，滤料一般厚0.6~0.8m。反滤围井建成后，如断续冒浑水，可将滤料表层粗骨料清除，再按上述级配要求重新施作。

（2）土工织物反滤导渗体

将反滤土工织物覆盖在漏洞出口上，其上加压反滤料进行导滤。由于漏洞险情危急，且土工织物导滤易淤堵，若处置不当，可能导致险情迅速恶化，应慎用之。

（3）抽槽截洞

对于漏洞进口部位较高、出口部位较低，且堤坝顶面较宽，断面较大时，可在堤坝顶部抽槽，再在槽内填筑黏土或土袋，截断漏洞。槽深2m范围内能截断漏洞，可使用此法；槽深2m范围内不能截断漏洞，不得使用此法。

（三）注意事项

1. 无论对漏洞进水口采取哪种办法探找和盖堵，都应注意探漏抢堵人员的人身安全，落实切实可行的安全措施。

2. 漏洞抢堵闭气后，还应有专人看守观察，以防再次出现漏洞。

3. 要正确判断险情是堤身漏洞还是堤基管涌。如是前者，则应寻找进水口并以外帮堵截为主，辅以内导；否则按管涌抢护方法来处理。

第七节　黄河历年大洪水

一、1958 年黄河洪水

1958 年 7 月中旬黄河三门峡至花园口之间（简称三花区间）发生了一场自 1919 年黄河有实测水文资料以来的最大的一场洪水。此次洪峰流量达 22 300m³/s，横贯黄河的京广铁路桥因受到洪水威胁而中断交通 14d。仅山东、河南两省的黄河滩区和东平湖湖区，淹没村庄 1 708 个，灾民 74.08 万人，淹没耕地 304 万亩，房屋倒塌 30 万间。此次洪水主要是由于 7 月 14 日至 19 日在黄河三花区间的干流区间以及伊河、洛河、沁河流域持续暴雨所造成。暴雨笼罩面积达 8.6 万平方公里，其中 200mm 以上的强暴雨区面积有 16 000 平方公里，300mm 以上的有 6 500 平方公里，400mm 以上的有 2 000 平方公里；平均最大 1 天雨量 69.4mm，最大 3 天雨量 119.1mm；在这 5 天中大部分雨量是集中在 16 日 20 时至 17 日 8 时的 12 小时内。如垣曲站 12 个小时的降雨量为 249mm，为 5 天降水总量 499.6mm 的 50%。

受暴雨影响，7 月 17 日 10 时至 18 日 0 时，沿程次第出现最大流量，从而形成若干支流洪水在花园口同时遭遇的不利情况。三门峡站 18 日 16 时出现洪峰流量 8 890m³/s，支流伊洛河黑石关站 17 日 13 时半出现洪峰流量 9 450m³/s，沁河小董站 17 日 20 时出现洪峰流量 1 050m³/s，由于洛河白马寺上游决口和伊洛河夹滩地区的滞洪作用，花园口的洪峰流量受到一定程度的削减。黄河花园口站 7 月 18 日出现洪峰流量 22 300m³/s，洪峰水位 93.82m，峰顶持续 2.5 个小时，花园口站大于 10 000m³/s 的流量持续 79h。此次洪水来势迅猛，峰值高，三花区间各支流及区间洪水过程陡涨陡落，从最大暴雨结束到花园口出现洪峰，历时不足一天，沙量相对较小，花园口站 5 天沙量 4.6 亿吨。三门峡相应 5 天沙量 4.3 亿吨，有利于淤滩刷槽，增加河道的行洪能力。黄河下游河道上宽下窄，花园口站 22 300m³/s 的大洪水推进到下游河段后，东坝头以下全部漫滩，大堤临水，堤根水深一般 2~4m，个别水深达 5~6m，同时高水位持续时间长，高村至洛口河段洪水在保证水位持续 34~76h。东平湖 1958 年最大面积为 208km²，尚未修建分洪闸和泄洪闸，大洪水时自然分洪，分洪前湖水位为 41.28 米，对分蓄（滞）黄河洪水十分有利。据调查，7 月 19 日午后洪水冲破东平湖的马山、银山、铁山黄河闸间的民埝分洪入湖，当湖水位抬高后再经清河门回归黄河。根据孙口、艾山、位山、团山各流量站及艾山水位站实测资料分析，在铁马山头一带最大进湖流量达 10 300m³/s，进湖洪水总量 26.19 亿 m³，湖区最大滞洪量约 14.25 亿 m³，削减艾山站洪峰流量 2 900m³/s，洪峰推迟 24h，对削减东平湖以下的河道洪水起到很大作用。

当花园口出现 22 300m³/s 流量时，按规定应启用北金堤滞洪区和东平湖滞蓄洪水，但考虑到花园口站洪峰已经出现，花园口以上各站水位也已回落，伊、洛、沁河和三门峡以干流区间雨势减弱，只要加强防守，充分利用高村以上宽河道和东平湖滞蓄洪水，可以不使用北金堤滞洪区，以减少分洪损失。

二、1982 年黄河洪水

1982 年 8 月 2 日黄河花园口站出现 15 300m³/s 的洪峰，这次洪水主要来自三门峡至花园口干支流区间。从 7 月 29 日开始，上述地区普降大雨到暴雨、大暴雨，局部地区降特大暴雨，造成伊、洛、沁河和黄河洪峰并涨，洛河黑石关站洪峰流量 4 110m³/s，沁河小董站发生了 4 130m³/s 的超大洪水，沁河大堤偎水长度 150km，其中五车口，上下数千米，洪水位超过堤顶 0.1~0.2m。在沁河杨庄改道工程的配合下，经组织 3 万人抢险，共抢修子埝 21.23km，战胜了此次洪水。花园口 7 日洪量达 49.7 亿立方米，最大含沙量 63.4kg/m³，平均含沙量 32.1kg/m³。花园口至孙口河段洪水位普遍较 1958 年高 1 米左右，造成全线防洪紧张局面。中央防汛总指挥部分别向河南、山东发了电报，要求河南立即彻底铲除长垣生产堤，建议山东启用东平湖水库，控制泺口站流量不超过 8000m3/s。8 月 6 日东平湖林辛进湖闸开启分洪，7 日十里堡进湖闸开启，9 日晚两闸先后关闭。

三、1996 年黄河洪水

1996 年 8 月 5 日黄河下游花园口站相继出现了两个编号洪峰。一号洪峰发生于 8 月 5 日 14 时，流量 7 600m³/s，相应水位 94.73m。这场洪水主要来源于晋陕区间和三花区间的降雨。据计算这次洪水小花区间干支流洪水占花园口站一号洪峰的 47%。花园口站 5 000m³/s 以上的洪水持续 53h，其洪量为 11.6 亿 m³。二号洪峰发生于 8 月 13 日 4 时 30 分，流量 5 520m³/s，相应水位 94.09m。这场洪水的形成主要为黄河龙门以上的降雨所致。一号洪峰和二号洪峰尽管流量属于中常洪水，与以往相比，特别是一号洪峰呈现出一些新特点：一是黄河河段全线水位表现偏高。除高村、艾山、利津三站略低于历史最高水位外，其余各站水位均突破有记载以来的最高值。花园口站最高水位 94.73m，超过了 1992 年 8 月该站的高含沙洪水所创下的 94.33m 的历史纪录，比 1958 年 22 300m³/s 的洪水位高 0.91

米，比 1982 年 15 300m³/s 的洪水位高 0.74m。二是洪水传播速度慢。由于一号洪峰水位高，黄河下游滩区发生大范围的漫滩，洪峰传播速度异常缓慢。据计算，一号洪峰从花园口传至利津站历经 369.3 个小时，是正常漫滩洪水传播时间的 2 倍。三是工程险情多。在社会各界大力支持下，经过 20 多天 200 多万人次的艰苦奋战，终于战胜了"96·8"洪水，保证了黄河大堤安然无恙。两次洪峰于 8 月 22 日同时入海。

四、2020 年黄河洪水

2020 年汛期，经上中游水库群联合调度，山东黄河干流形成 2 次持续时间较长的洪水过程，共历时 44d，其中高村泺口站出现 1996 年以来最大流量，利津站出现 1989 年以来最大流量。8 月份，大汶河流域发生了 4 次洪水过程，东平湖老湖达到最高水位 42.35m，为 2008 年以来最高值，累计向黄河泄水 7.46 亿 m³，为 2013 年以来泄水最大值。

山东沿黄各级未雨绸缪，坚持防疫与备汛两手抓，汛前进行充分准备，汛期密切关注汛情，认真做好防汛调度、巡查观测、防守抢险等工作，确保了黄河、东平湖防洪安全。

2020 年突如其来的新冠肺炎疫情给国家经济社会发展带来严重影响，也对黄河防汛、备汛工作带来一定影响。为做好防汛准备工作，山东黄河河务局不等不靠，在全力做好疫情防控工作的同时，对各项防汛工作坚持早谋划、早部署、早行动。

2 月下旬起，山东黄河河务局印发了工作要点和相关通知，将全年防汛工作细化为 27 大项、226 小项，明确了具体承办人、完成时限和成果形式。4 月中旬，较常年提早近 2 个月启动了防汛抗旱例会制度，每周对水旱灾害防御工作进行调度；及时召开局长专题会议，专门研究部署防汛工作。6 月 15 日，山东黄河河务局启动了防汛工作机制，召开了 2020 年山东黄河防汛动员视频会议，动员全局上下把主要精力转移到防汛工作上来，实行 24h 防汛带班、值班制度，密切关注黄河雨情、水情、工情变化，一切工作服从服务于防汛保安全这个中心。

结 语

目前我国环境保护的形势仍然不够乐观，特别是经济的快速发展对河流造成了一定的污染和破坏。在这种情况下，如果继续使用传统的方式对水资源进行利用和开发，会使得环境的负担加大，水资源的问题也会越来越严重，最终使得我国社会经济的可持续发展受到严重影响。因此，开展水利工程建设对我国社会发展有着极其重要的意义。做好水利工程研究工作，提升水利工程防洪防汛能力关系到人们生产生活的方方面面，我们通过借助堤坝、水库等水利设施，可以尽量减少洪涝灾害，降低险情的影响，保障人民群众的生命财产安全和幸福生活。

防汛与抢险工作，事关国民经济建设，社会安定及人民生命财产安全，必须高度重视，认真做好防汛工作，决不能疏忽大意，掉以轻心。运行管理和防汛抢险对工程正常运行显得极其重要。工程离不开管理，管理是确保水利工程安全和促进水库工程更好地发挥效益的重要保证和手段。

言而总之，水利工程的抢险和防汛工作是一项较为复杂的作业，并且在国民经济的发展过程中有着十分重要的意义。因此，水利人员一定要认识到水利工程的重要，同时可以通过专业的技术手段来保证并提高工程的质量。与此同时，建设水利工程也对人们的生命财产和生活质量有着息息相关的影响，因此这就要求在防汛抢险的工作中，需要考虑实际情况，然后制订合理的措施，特别是要在汛期到来时做好相应的疏散和抢险工作。

参 考 文 献

[1] 严力姣，蒋子杰．水利工程景观设计 [M]．北京：中国轻工业出版社，2020.

[2] 张子贤，王文芬．水利工程经济 [M]．北京：中国水利水电出版社，2020.

[3] 刘春艳，郭涛．水利工程与财务管理 [M]．北京：北京理工大学出版社，2019.

[4] 孙玉玥，姬志军，孙剑．水利工程规划与设计 [M]．长春：吉林科学技术出版社，2019.

[5] 张云鹏，戚立强．水利工程地基处理 [M]．北京：中国建材工业出版社，2019.

[6] 谢文鹏，苗兴皓，姜旭民，等．水利工程施工新技术 [M]．北京：中国建材工业出版社，2020.

[7] 孙三民，李志刚，邱春．水利工程测量 [M]．天津：天津科学技术出版社，2018.

[8] 高喜永，段玉洁，于勉．水利工程施工技术与管理 [M]．长春：吉林科学技术出版社，2019.

[9] 刘贞姬，金瑾，龚萍．现代水利工程治理研究 [M]．中国原子能出版社，2019.

[10] 何俊，韩冬梅，陈文江．水利工程造价 [M]．武汉：华中科技大学出版社，2017.

[11] 王海雷，王力，李忠才．水利工程管理与施工技术 [M]．北京：九州出版社，2018.

[12] 贺芳丁，刘荣钊，马成远．水利工程施工设计优化研究 [M]．长春：吉林科学技术出版社，2019.

[13] 许建贵，胡东亚，郭慧娟．水利工程生态环境效应研究 [M]．郑州：黄河水利出版社，2019.

[14] 刘景才，赵晓光，李璇．水资源开发与水利工程建设 [M]．长春：吉林科学技术出版社，2019.

[15] 刘勇毅，孙显利，尹正平编．现代水利工程治理 [M]．济南：山东科学技术出版社，2016.

[16] 姬志军，邓世顺．水利工程与施工管理 [M]．哈尔滨：哈尔滨地图出版社，2019.

[17] 林雪松，孙志强，付彦鹏．水利工程在水土保持技术中的应用 [M]．郑州：黄河水利出版社，2020.

[18] 干天能，王振营，白由路．水利工程经营管理 [M]．沈阳：辽宁科学技术出版社，2015.

[19] 林彦春，周灵杰，张继宇．水利工程施工技术与管理 [M]．郑州：黄河水利出版社，2016.

[20] 李京文．水利工程管理发展战略 [M]．北京：方志出版社，2016.

[21] 颜宏亮．水利工程施工 [M]．西安：西安交通大学出版社，2015.

[22] 何伟．大型水利工程倒虹吸结构分析 [M]．北京：地质出版社，2017.

[23] 苗兴皓，高峰．水利工程施工技术 [M]．北京：中国环境出版社，2017.

[24] 陈雪艳 . 水利工程施工与管理以及金属结构全过程技术 [M]. 北京：中国大地出版社 ,2019.

[25] 侯超普 . 水利工程建设投资控制及合同管理实务 [M]. 郑州：黄河水利出版社 ,2018.

[26] 牛广伟 . 水利工程施工技术与管理实践 [M]. 北京：现代出版社 ,2019.

[27] 沈凤生 . 节水供水重大水利工程规划设计技术 [M]. 郑州：黄河水利出版社 ,2018.

[28] 王飞寒，吕桂军，张梦宇 . 水利工程建设监理实务 [M]. 郑州：黄河水利出版社 ,2015.

[29] 邵东国 . 农田水利工程投资效益分析与评价 [M]. 郑州：黄河水利出版社 ,2019.

[30] 邵勇 . 水利工程项目代建制度研究与实践 [M]. 南京：河海大学出版社 ,2018.